# Technische Schwingungslehre

von

**Prof. Dr.-Ing. L. Zipperer**

Karlsruhe i. B.
ehemals Direktor der Ingenieurschule Mittweida
und apl. Professor der Technischen Hochschule Dresden

I

Allgemeine Schwingungsgleichungen
Einfache Schwinger

Mit 92 Abbildungen

Dritte, ergänzte Auflage

Sammlung Göschen Band 953

Walter de Gruyter & Co · Berlin 1970

vormals G. J. Göschen'sche Verlagshandlung · J. Guttentag, Verlagsbuchhandlung · Georg Reimer · Karl J. Trübner · Veit & Comp.

*Meinem seit Stalingrad vermißten Sohne*

*Fritz Heinz Zipperer*

*gewidmet*

 — Archiv-Nr.: 79 31 70 0. — Druck: Mercedes-Druck, Berlin — Printed in Germany

# Inhaltsverzeichnis

Anmerkung:

Gleichungen sind abschnittsweise numeriert, z. B. (303), (416).

Abbildungen sind durchnumeriert, z. B. (Abb. 43).

Literaturhinweise sind in eckigen Klammern angegeben, z. B. [4].

# Literaturverzeichnis


[1] Duffing, Erzwungene Schwingungen. Vieweg.
[2] Föppel, O., Grundzüge der technischen Schwingungslehre. Springer 1931.
[3] Geiger, I., Mechanische Schwingungen und ihre Messungen. Springer 1927.
[4] Hartog, J. P., Mechanical Vibrations. New York—London 1947. Deutsche Ausgabe: Mesmer, 2. Aufl. 1952.
[5] Hort, W., Technische Schwingungslehre. Springer 1922.
[6] Hort, W. u. Thoma, A., Differentialgleichungen des Ingenieurs. Springer 1939.
[7] Karman-Biot, Mathematical Methods in Engineering. New York—London.
[8] Klotter, K., Technische Schwingungslehre. Springer 1970.
[9] Lehr, E., Schwingungstechnik. Bd. I u. II. Springer 1930, 1934.
[10] Schneider, E., Mathematische Schwingungslehre. Springer 1924.
[11] Timoshenko, S., Vibration Problems in Engineering. Deutsche Ausgabe: Schwingungsprobleme der Technik. Von Malkin-Helly. Springer 1932.
[12] Tölke, F., Mechanik deformierbarer Körper. Springer 1949.
[13] Oeler, E., Technische Schwingungslehre. Girardet 1952.

Ferner: Lehrbücher der Physik und Mechanik. — Ingenieurtaschenbücher. Dubbel (1966 Neudruck) — Hütte (1955) — Kröner (1954).

Ausführliches Verzeichnis amerikanischer Literatur in [4].

# 1 Grundlagen

## 11 Schwingungsversuch

Belasten wir die Feder (Abb. 1) mit einem Gewicht $mg$, so nimmt die Feder im Abstand $d$[1]) eine neue Ruhelage an. Wird sie aus dieser gebracht, so führt sie Schwingungen aus, die wir durch Aufzeichnen der Bewegung auf einen gleichförmig bewegten Papierstreifen sichtbar machen können. Versuche mit verschiedenen Massen und Federn zeigen uns, daß die Schwingungsdauer $T$ (sek) abhängig ist von der Masse und einem Eigenschaftswert der Feder. An Stelle der Schwingungsdauer $T$ kann auch der reziproke Wert $\frac{1}{T} = f$, die Frequenz, die Anzahl der Schwingungen in der Sekunde angegeben werden; ihre Dimension ist $s^{-1}$ oder Hz (Hertz).

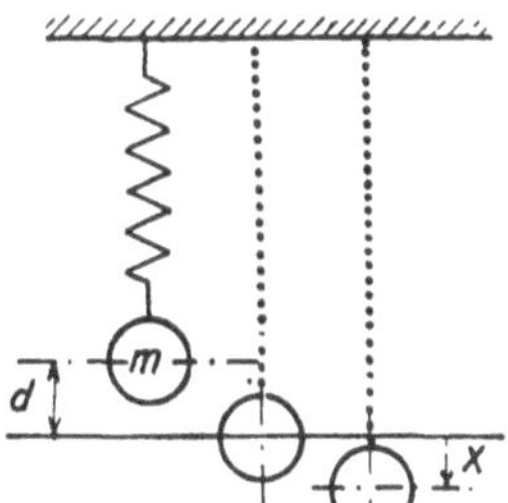

Abb. 1

Die Schwingungsausschläge nehmen ab infolge der ihr entgegenwirkenden Reibungskräfte, insbesondere, wenn wir an dem Körper eine in eine Flüssigkeit eintauchende Platte anbringen. Die Schwingung wird gedämpft; die Dämpfung kann so stark sein, daß die Masse, ohne über die Nullage hinauszuschwingen, langsam wieder in diese zurückkriecht; aperiodische Bewegung.

---

[1]) $d$ entspricht der Durchfederung $f$ der Festigkeitslehre.

Aus Abb. 2 sind diese drei Schwingungsformen zu ersehen. Ist die Geschwindigkeit $c$ des bewegten Papierstreifens, die Schwingungsdauer $T$ einer vollen Schwingung (Rückkehr in die Ruhelage) und deren Länge $\lambda$ bekannt, so muß

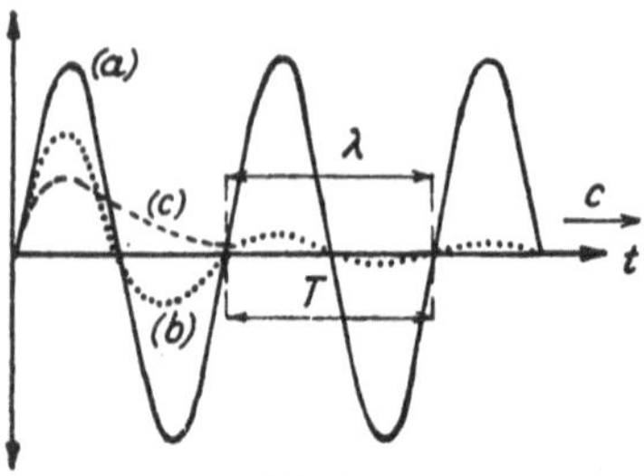


Abb. 2

$$c = \frac{\lambda}{T} = \lambda f \qquad (101)$$

sein. Wir nennen $c$ die Fortpflanzungsgeschwindigkeit ($m\,s^{-1}$) und $\lambda$ die Wellenlänge. Den meisten Lesern ist diese Beziehung bekannt aus der Umrechnung der Rundfunkwellen von Wellenlänge und kHz = 1000 Hz. Mit der Lichtgeschwindigkeit $c = 300000\ km\,s^{-1}$ besteht die Beziehung:

$$\lambda(\mathrm{m})\, f(\mathrm{kHz}) = 300000\,(\mathrm{km\,s^{-1}}).$$

Die aufgezeichnete Kurve der ungedämpften Schwingung (Abb. 2, $a$) zeigt einen sinusförmigen Verlauf.

Wir erweitern unseren gedachten Versuch und bewegen den Aufhängepunkt der Feder ebenfalls nach dem Sinusgesetz, was durch eine Kurbelschleife vollständig, durch einen Kurbeltrieb um so angenäherter erreicht werden kann, je größer das Verhältnis von Kurbelstange zur Kurbel ist. Bei sehr langsamer Bewegung des Aufhängepunktes, kleiner Frequenz, stimmen die Bewegungen der Masse mit denen des Aufhängepunktes überein. Mit zunehmender Frequenz werden die Masseausschläge immer größer, bis diese bei einer Frequenz $f = f_0$, der Eigenfrequenz des Schwingungssystems, der freien Schwingung des ersten Versuches, einen sehr großen, theoretisch $\infty$ großen Wert annehmen. Mit weiterer Frequenzsteigerung nehmen die

Ausschläge wieder ab, bei $\infty$ großem $f$ bleibt die Masse in Ruhe. Diese Versuchsergebnisse sind in Abb. 2 wiedergegeben; die zweite Kurve $b$ zeigt den Verlauf bei vorhandener Dämpfung. Ist diese klein, so liegt der Maximalausschlag nahe bei $f_0$.

Wir haben also folgende Schwingungsvorgänge zu betrachten:

freie und erzwungene Schwingungen, ohne oder mit Dämpfung.

Im nächsten Abschnitt werden diese Vorgänge mathematisch behandelt werden. Wir wollen jedoch versuchen, die zunächst wichtigste Aufgabe, die Bestimmung der Schwingungsdauer $T$, auf elementarem Wege zu finden.

## 12 Harmonische Bewegung

Das Kreispendel (Abb. 3) ist aus der Physik bekannt. Die Masse $m$ führt eine gleichförmige Kreisbewegung mit der Umfangsgeschwindigkeit $v = r\,\omega$ aus. Auf sie wirken die Zentrifugalkraft $Z$ ($\omega$ ist die Winkelgeschwindigkeit $s^{-1}$) und senkrecht das Gewicht $G = mg$. Die Resultierende $R$ wirkt in Richtung des Fadens. Es ist $mg = R\cos\alpha$ und $m\,r\,\omega^2 = R\sin\alpha$, woraus sich ergibt $\omega = \sqrt{\frac{g}{h}}$. Benötigt die

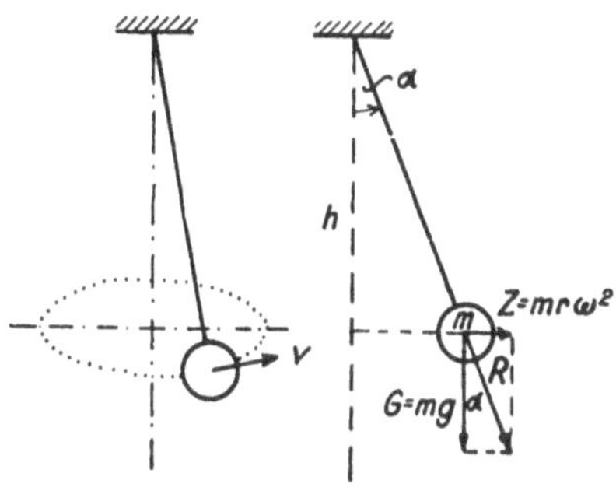

Abb. 3

Masse für einen Umlauf $T$ Sekunden, so wird wegen $v = r\omega,\ \omega = \frac{2\pi}{T} = 2\pi f$. Damit erhält man für die

Umlaufsdauer $T = 2\pi \sqrt{\frac{h}{g}}$; sie ist unabhängig von der Größe der Masse.

Projizieren wir die Kreisbewegung (Umfang in 12 Teile geteilt) auf einen Durchmesser (Abb. 4), so erhalten wir eine hin- und hergehende geradlinige Bewegung; die Entfernung der einzelnen Punkte ist nicht mehr gleich. Aus der Abbildung ist unschwer abzulesen:

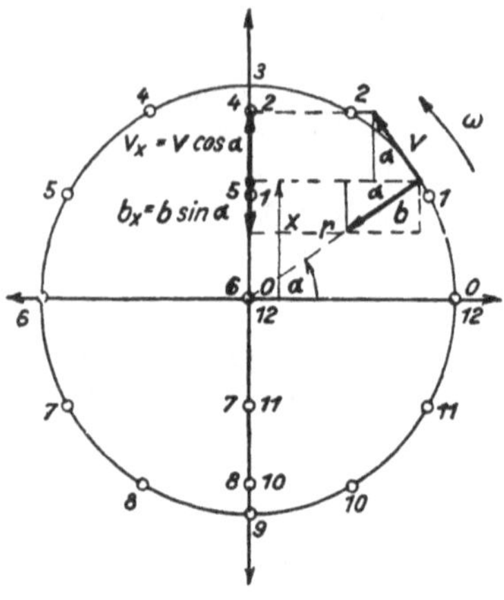


Abb. 4

$$x = r \sin\alpha = r \sin\omega t,$$

da der Fahrstrahl sich mit konstanter Winkelgeschwindigkeit $\omega$ dreht. In Richtung der geradlinigen Bewegung sind

$$v_x = v \cos\omega t$$

und

$$b_x = b \sin\omega t = r\omega^2 \sin\omega t = \omega^2 x,$$

letztere, die Beschleunigung stets der Bewegung entgegengesetzt gerichtet, dem Mittelpunkt zu. Zu diesen Gleichungen gelangt man auch durch zweimaliges Differenzieren des Weges nach der Zeit:

$$v = \frac{dx}{dt} = \dot{x} = r\,\omega \cos\omega t$$

und

$$b_x = \frac{dv}{dt} = \frac{d^2 x}{dt^2} = \ddot{x} = -r\,\omega^2 \sin\omega t = -\omega^2 x\ ^{1)}.$$

---

[1]) $\dot{x}, \ddot{x}$ sind die Bezeichnungen für den ersten und zweiten Differentialquotienten des Weges nach der Zeit.

Die Gleichung für Beschleunigung $b_x = \omega^2 x$ liefert $\omega^2 = \frac{b_x}{x} = b_0$, wenn $b_0$ die Beschleunigung im Abstand $x = 1$ von der Ruhelage aus ist. Schließlich wird

$$T = 2\pi \sqrt{\frac{1}{b_0}} \text{ (sek)}.$$

Nach dem Newtonschen Grundgesetz ist $K_0 = m\, b_0$, wobei $K_0$ die Kraft für $x = 1$ ist, die Richtkraft; im Abstand $x$ wirkt demnach die Kraft $K = K_0\, x$ oder $K = c\, x$, wenn von nun an $c$ für die Richtkraft gesetzt wird; sie diejenige Kraft ist, die im Abstand *1* auf die Masse $m$ wirkt. Hiermit erhalten wir für die freie ungedämpfte Schwingung folgende Beziehungen:

$$T = 2\pi \sqrt{\frac{m}{c}} = 2\pi \sqrt{\frac{\text{Masse}}{\text{Richtkraft}}} \text{ (sek)}, \qquad (102)$$

und da

$$\omega = \frac{2\pi}{T} = 2\pi f \qquad (103)$$

ist:

$$\omega = \sqrt{\frac{c}{m}} \; (\text{s}^{-1}) \text{ (Kreisfrequenz)} \qquad (104)$$

und den wichtigen Satz:

„Ist in einem schwingenden System die Beschleunigung dem negativen Ausschlag direkt proportional, so liegt eine harmonische, eine Sinus-Schwingung vor."

## 13 Richtkraft (Federkonstante)

Mit obigem Satz muß die auf die Masse wirkende Kraft proportional dem Ausschlag $x$ sein. Dies läßt sich nach den Lehren der Festigkeit verwirklichen, wenn die Proportionalitätsgrenze nicht überschritten wird, das Hooksche Gesetz $\sigma = \varepsilon E$ (Spannung = Dehnung mal Elastizitätsmodul) gilt und ferner $\varepsilon = \frac{\lambda}{l}$ $\left(\text{Dehnung} = \frac{\text{Verlängerung}}{\text{Stablänge}}\right)$

und $\sigma = \frac{P}{F}$ $\left(\text{Spannung} = \frac{\text{Kraft}}{\text{Fläche}}\right)$. Abb. 5 gibt das Federdiagramm $\lambda = f(K)$. Unter der Wirkung des Gewichts $G = mg$ der Masse ist die Durchfederung $d$ (Eichung der Feder). Mit $c$ wurde die Richtkraft bezeichnet; führt man mit $C$ (Federung, Nachgiebigkeit) in (cm $\mathrm{kg}^{-1}$) ein, so ist die eine Größe gleich dem reziproken Wert der anderen; $cC = 1$, was auch aus den ähnlichen Dreiecken des Federungsdiagramms entnommen werden kann. Unter der Wirkung des Gewichtes der Masse war die Verlängerung $d$. Das Diagramm gibt die Beziehung $c = \frac{mg}{d}$, womit

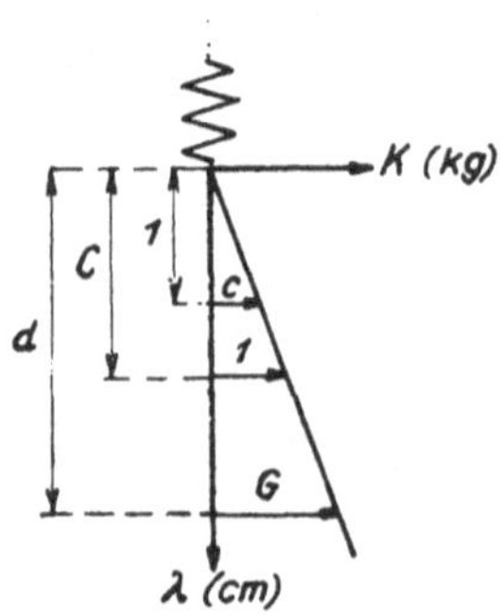


Abb. 5

$$T = 2\pi\sqrt{\frac{m}{c}} = 2\pi\sqrt{\frac{d}{g}}, \quad (105)$$

$$\omega = \sqrt{\frac{g}{d}} \quad (106)$$

wird, und wenn die minutliche Schwingungszahl mit $\omega = \frac{2\pi n}{60}$ eingeführt wird:

$$n = \frac{60}{2\pi}\sqrt{\frac{g}{d}} \cong 300\sqrt{\frac{1}{d}}\,(\mathrm{min}^{-1}), \quad (107)$$

da $\sqrt{981} \cong 10\pi$ ist. Zu beachten ist, daß letztere Formel nur für senkrechte Schwingungsrichtung unter Wirkung der Erdanziehung gilt.

Zum Abschluß noch die Anwendung der abgeleiteten Formeln für ein U-Manometer (Abb. 6). Masse der Flüssigkeitssäule: $m = \frac{f l \gamma}{g}$; Richtkraft = Gewicht der Säule von $l = 2\,\text{cm}$: $c = f \cdot 2\gamma$; $f$ ist der Querschnitt, $l$ die Länge des mittleren Fadens und $\gamma$ das spez. Gewicht der Flüssigkeit.

$$T = 2\pi \sqrt{\frac{\frac{f\,l\,\gamma}{g}}{2\,f\,\gamma}} = 2\pi \sqrt{\frac{l}{2\,g}} \text{ (sek).} \quad (108)$$

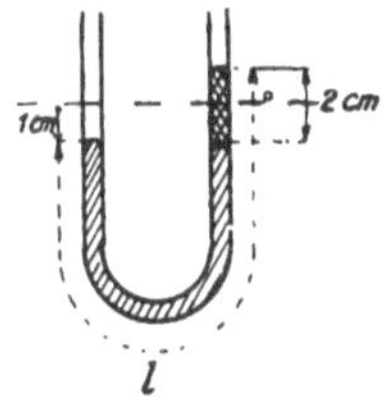

Abb. 6

Die Schwingungsdauer ist lediglich abhängig von der Länge der Säule, unabhängig von der Flüssigkeit.

Im kommenden Abschnitt werden die Schwingungsvorgänge mathematisch ausführlich behandelt, er kann fürs erste zunächst überlesen werden. Mit den bereits abgeleiteten Formeln für $T$ und $\omega$ können diese Werte für einfache Schwinger angewandt werden, die im Abschnitt 3 behandelt sind.

# 2 Schwingungsgleichungen für den Massenpunkt

## 21 Freie Schwingungen

### 211 Schwingungen ohne Dämpfung

Auf einen Massenpunkt $m$ (Abb. 7) wirke eine Kraft, die der Auslenkung aus der Ruhelage proportional ist, derart, daß sie stets bestrebt ist, den Massenpunkt in die Ruhelage zurückzubringen. Dies ist gleichbedeutend mit einem Anziehungszentrum im Ruhepunkt. Wird dieser Massenpunkt aus seiner Ruhelage herausgebracht, so vollführt er eine harmonische Schwingung. Wir wählen nun ein Koordinatenkreuz so, daß der Ursprung mit der Ruhelage zusammenfällt und die Schwingung in Richtung der $X$-Achse erfolgt.

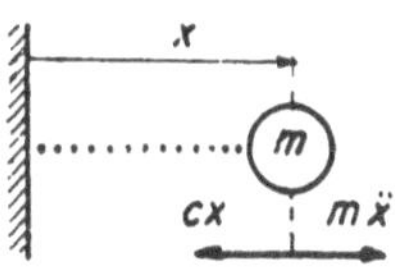

Abb. 7

Zur Zeit $t$ befinde sich der Massenpunkt in der Entfernung $x$ von der Ruhelage nach rechts ausschwingend. Die Beschleunigung in diesem Punkt ist $\frac{d^2 x}{d t^2} = \ddot{x}$, woraus sich die Trägheitskraft aus der Beziehung:

$$\text{Kraft} = \text{Masse} \times \text{Beschleunigung}$$

ergibt zu $m\ddot{x}$. Auf den Massenpunkt wirkt außerdem die Kraft $c x$, worin $c$ die Größe der Richtkraft, d. h. diejenige Kraft ist, die in der Entfernung 1 von der Ruhelage auf den Massenpunkt wirkt. Hiermit ergibt sich die dynamische Grundgleichung, die zugleich die Schwingungsgleichung ist, zu $m\ddot{x} = -c x$ oder

$$m\ddot{x} + c x = 0, \tag{201}$$

worin das Minuszeichen angibt, daß die Kraft $c x$ stets der Auslenkung aus der Ruhelage entgegengerichtet ist.

Die Auflösung der Differentialgleichung zweiter Ordnung ist auf verschiedene Arten möglich.

1. Wir setzen $x = a \sin\alpha t$, bilden die Differentialquotienten $\dot{x} = a\alpha \cos\alpha t$; $\ddot{x} = -a\alpha^2 \sin\alpha t$; setzen die Werte in Gl. (201) ein und erhalten:

$$-m a \alpha^2 \sin\alpha t + c a \sin\alpha t = 0,$$

schließlich

$$\alpha^2 = \frac{c}{m} = \omega^2 \text{ (Eigenkreisfrequenz)}$$

und

$$x = a \sin\sqrt{\frac{c}{m}}\, t. \tag{202}$$

2. Zum gleichen Ergebnis gelangen wir mit:

$$x = a_1 \sin\alpha t + a_2 \cos\alpha t = a \sin(\alpha t + \varphi).$$

3. Wegen der Beziehungen zwischen den Winkelfunktionen und der $e$-Funktion können wir die Lösung auch mit $x = a e^{\alpha t}$ vornehmen.

Die Differentialquotienten $\dot{x} = a\,\alpha\, e^{\alpha t}$ und $\ddot{x} = a^2 \alpha^2 e^{\alpha t}$ in die Schwingungsgleichung eingesetzt, ergibt:

$$m\, a^2 \alpha^2 e^{\alpha t} + c\, a\, e^{\alpha t} = 0$$

und

$$\alpha^2 = -\frac{c}{m}; \qquad \alpha = \pm i \sqrt{\frac{c}{m}} = \pm i\,\omega^2.$$

4. Das Auftreten des Wertes $i = \sqrt{-1}$ führt dazu, die symbolische Darstellung[1]) anzuwenden, die bei den späteren Ableitungen diese einfacher gestaltet.

In der Gaußschen Zahlenebene (Abb. 8) kann die komplexe Zahl dargestellt werden durch:

$$z = a + i\,b = r(\cos\varphi + i \sin\varphi) = r\, e^{i\varphi},$$

$$r = |z| = \sqrt{a^2 + b^2};$$

$$\operatorname{tg}\varphi = \frac{b}{a}.$$

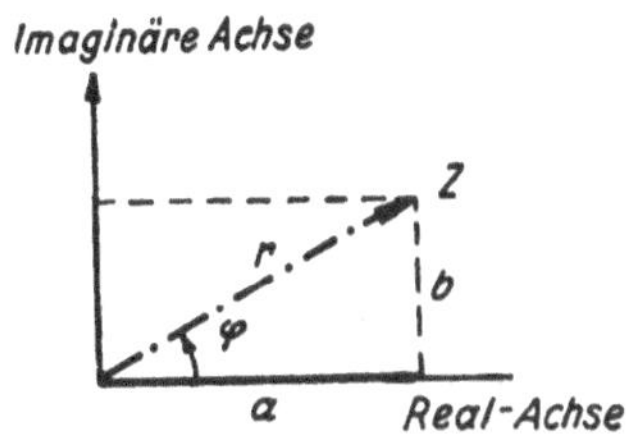

Abb. 8

Damit setzen wir: $z = a e^{i\alpha t}$ und erhalten mit

$$\dot{x} = i\,\alpha\, a\, e^{i\alpha t};$$

$$\ddot{x} = i^2 \alpha^2 a\, e^{i\alpha t} = -\alpha^2 a\, e^{i\alpha t},$$

$$\alpha^2 = \frac{c}{m} = \omega^2,$$

$$z = a e^{i\omega t} = a(\cos\omega t + i \sin\omega t) = a \cos\omega t + i\, a \sin\omega t,$$

und wenn wir lediglich den Realanteil betrachten

$$x = a \cos\omega t. \tag{203}$$

Nach einer Periode von $2\pi$, die nach $T$(sek) erfolgt, nimmt $x$ den gleichen Betrag an. Hieraus folgt

$$\omega = \sqrt{\frac{c}{m}}\ (\mathrm{s}^{-1})\ \text{(Eigenkreisfrequenz)} \tag{204}$$

---

[1]) Siehe 5 (Anhang).

und mit $\omega = \frac{2\pi}{T} = 2\pi f$

$$T = 2\pi \sqrt{\frac{m}{c}} \text{ (s) (Schwingungsdauer)} \qquad (205)$$

$$f = \frac{1}{T} \text{ (s}^{-1}\text{ oder Hz) (Frequenz).} \qquad (206)$$

## 212 Energiegleichung

Wir wollen nun noch untersuchen, wie die Energie sich ändert bei der betrachteten freien Schwingung ohne Dämpfung. Aus der Weg-Zeit-Gleichung der Schwingung:

$$x = a \cos\omega t \quad \text{oder} \quad x = a \sin\omega t$$

ergibt sich mit letzterer:

$$v = \dot{x} = a\,\omega \cos\omega t\,.$$

Diese verändert sich zwischen den Werten Null und $\pm a\omega = v_0$. Damit ändert sich auch der Wert für die Wucht oder kinetische Energie $\frac{1}{2} m v^2 = E_k$.

Für die potentielle Energie (Spannungsenergie) erhalten wir:

$$E_p = \int_0^x P\,d x = \int_0^x c\,x\,d x = \tfrac{1}{2}\,c\,x^2. \qquad (207)$$

Wirken auf das System keine äußeren Kräfte, so ist für jede Lage der Masse $m$ die Summe beider Energien konstant, also

$$E_p + E_k = E_0 \qquad (208)$$

oder

$$\tfrac{1}{2}\,m\,\dot{x}^2 + \tfrac{1}{2}\,c\,x^2 = E_0\,. \qquad (209)$$

Zur Berechnung der Konstanten setzen wir die Gleichungen für $x$ ein und erhalten:

$$\tfrac{1}{2}\,m\,a^2\,\omega^2 \cos^2\omega t + \tfrac{1}{2}\,c\,a^2 \sin^2\omega t = E_0\,,$$

oder da $\omega^2 = \frac{c}{m}$ ist:

$$\tfrac{1}{2} c a^2 (\cos^2 \omega t + \sin^2 \omega t) = E_0,$$

mithin, da der Klammerausdruck gleich 1 ist,

$$E_0 = \tfrac{1}{2} c a^2 \tag{210}$$

d. h. also, die Konstante ist gleich dem Maximalwert der Spannungsenergie für $x = a$.

Die Energiegleichung lautet damit:

$$\tfrac{1}{2} m \dot{x}^2 + \tfrac{1}{2} c x^2 = \tfrac{1}{2} c a^2. \tag{211}$$

Differenzieren wir die Energiegleichung nach der Zeit, so erhalten wir:

$$m \ddot{x} + c x = 0,$$

also die Differentialgleichung für die Schwingung. Die Energiegleichung ist demnach ein Zwischenintegral der Differentialgleichung.

Aus dieser Betrachtung ergibt sich eine weitere Möglichkeit zur Bestimmung der Eigenfrequenz eines Schwingungssystems. Wir erhielten für die Energiegleichung:

$$\tfrac{1}{2} m \dot{x}^2 = \tfrac{1}{2} m a^2 \omega^2 \cos^2 \omega t,$$

$$\tfrac{1}{2} c x^2 = \tfrac{1}{2} c a^2 \sin^2 \omega t.$$

Aus diesen Gleichungen ergeben sich die Maximalwerte: $\frac{1}{2} m a^2 \omega^2$ und $\frac{1}{2} c a^2$, wobei zwischen beiden $\frac{1}{4}$ Periode liegt.

Aus der Gleichsetzung beider Maximalwerte

$$m a^2 \omega^2 = c a^2$$

ergibt sich die Eigenfrequenz zu

$$\omega = \sqrt{\frac{c}{m}}.$$

## 213 Freie Schwingungen mit Geschwindigkeitsdämpfung

Der Schwingung entgegen wirken Kräfte, die diese zum Abklingen bringt. Die allgemeine Formel[1]) lautet:

$$m\ddot{x} + F(\dot{x}) + c\,x = 0.$$

Die Kurve $F(\dot{x})$ ist die Dämpfungskennlinie, der Quotient $b = \frac{F(\dot{x})}{\dot{x}}$ wird Dämpfungskennwert genannt. Eine Dämpfung ist linear, wenn der Kennwert $b$ konstant ist. Für diesen bei Flüssigkeitsreibung zulässigen Fall nimmt die Schwingungsgleichung in der Gaußschen Ebene folgende Form an:

$$m\ddot{z} + r\dot{z} + c\,z = 0.$$

Mit

$$z = a\,e^{i\alpha t};\; \dot{z} = i\,\alpha\,a\,e^{i\alpha t} \quad \text{und} \quad \ddot{z} = -\alpha^2 a\,e^{i\alpha t}$$

wird:

$$-m\,a\,\alpha^2 e^{i\alpha t} + i\,r\,a\,\alpha\,e^{i\alpha t} + c\,a\,e^{i\alpha t} = 0,$$

$$m\alpha^2 - i\,\alpha\,r - c = 0$$

und mit $\delta = \frac{r}{2m}$ (Abklingungskonstante) und $\omega^2 = \frac{c}{m}$ (Eigenkreisfrequenz der ungedämpften Schwingung):

$$\alpha^2 - 2\,i\,\alpha\,\delta - \omega^2 = 0.$$

Diese quadratische Gleichung liefert die beiden Wurzeln:

$$\alpha_{12} = i\,\delta \pm \sqrt{i^2\delta^2 + \omega^2} = i\,\delta \pm \sqrt{\omega^2 - \delta^2}.$$

Wir erhalten

$$z = a\,e^{i\left(i\delta \pm \sqrt{\omega^2 - \delta^2}\right)t} = a\,e^{i^2\delta t}\,e^{\pm i\sqrt{\omega^2 - \delta^2}\,t},$$

$$z = a\,e^{-\delta t}\left(\cos\sqrt{\omega^2 - \delta^2}\,t \pm i\sin\sqrt{\omega^2 - \delta^2}\,t\right)$$

---

[1]) Unter Verwendung der Vorschläge des AEF-Vorschlages.

und schließlich für den Realanteil:

$$x = a\,e^{-\delta t}\cos\sqrt{\omega^2 - \delta^2}\,t\,. \qquad (212)$$

Der Vergleich mit der ungedämpften Schwingung ergibt, daß die Amplituden nach einer $e$-Funktion abnehmen. Es liegt strenggenommen kein periodischer Vorgang vor, trotzdem spricht man von einer Eigenkreisfrequenz

$$\nu = \sqrt{\omega^2 - \delta^2}\,. \qquad (213)$$

Mit $D = \frac{\delta}{\omega}$ (Dämpfungszahl) wird $\nu = \omega\sqrt{1 - D^2}$ oder

$$\frac{\nu}{\omega} = \sqrt{1 - D^2}\,. \qquad (214)$$

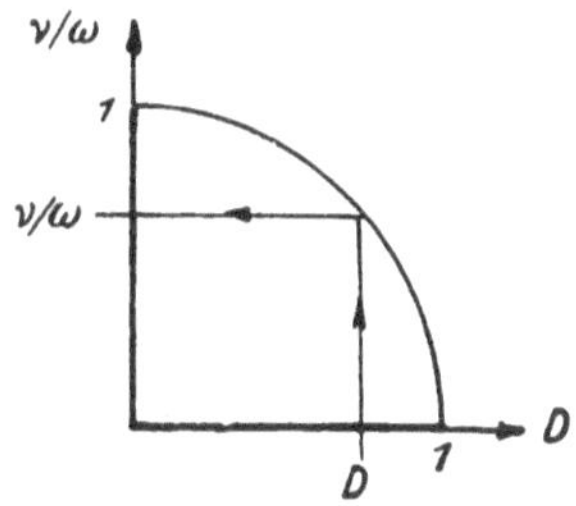


Abb. 9

Durch weitere Umformung erhält man $\left(\frac{\nu}{\omega}\right)^2 + D^2 = 1$, die Gleichung eines Kreises mit dem Halbmesser 1, womit nach Abb. 9 für $D$ das Verhältnis $\frac{\nu}{\omega}$ abgelesen werden kann. Mit dem Darmstadt-Rechenstab erhält man $\frac{\nu}{\omega}$ auf Skala $P$, wenn $D$ auf Skala ($D$) eingestellt wird[1]).

Der Wurzelausdruck läßt in der umgeformten Gleichung:

$$x = a\,e^{-\omega D t}\cos\omega\sqrt{1 - D^2}\,t$$

folgende Möglichkeiten zu:

a) $D = 1$: $\qquad x = a\,e^{-\omega D t}$,

es liegt keine Schwingung vor, sondern der aperiodische Grenzfall.

[1]) $P$ = pythagoreische Teilung bei „Faber"; cos (Rot) bei „Nestler".

b) $D > 1$: Für $\sqrt{1-D^2}$ setzen wir $i\sqrt{D^2-1}$ und erhalten, da $\cos i\,x = \mathfrak{Cof}\,x$ ist:

$$x = a e^{-\omega D t}\,\mathfrak{Cof}\,\omega\sqrt{D^2-1}\,t,$$

es liegt keine Schwingung vor, sondern ein aperiodischer Vorgang.

c) $D < 1$: $$x = a\,e^{-\omega D t}\cos\omega\sqrt{1-D^2}\,t, \tag{215}$$

also eine abklingende Schwingung, entstehend als Projektion eines auf einer logarithmischen Spirale nach innen wandernden Punktes.

Die in der ersten Auflage eingeführte Verhältniszahl $\alpha = \frac{k}{k_0}$ hat hier die Bedeutung $\frac{r}{r_0} = \frac{2m\delta}{2m\omega} = \frac{\delta}{\omega} = D$ der inzwischen eingeführten Dämpfungszahl.

Vergleicht man die Ausschläge zweier um die Periode $T$ der gedämpften Schwingung $T = \frac{2\pi}{\nu}$ auseinanderliegender Ausschläge, so erhält man

$$\frac{x_n}{x_{n+1}} = \frac{e^{-\delta t}\cos\nu t}{e^{-\delta(t+T)}\cos(\nu t + 2p)} = e^{\delta T}. \tag{216}$$

Die Ausschläge nehmen nach einer geometrischen Reihe ab. Der natürliche Logarithmus:

$$\ln\frac{x_n}{x_{n+1}} = \ln e^{\delta T} = \delta T = \vartheta \tag{217}$$

ist das logarithmische Dekrement. Zwischen den beiden Dämpfungswerten bestehen die Beziehungen

$$\vartheta = \frac{2\pi D}{\sqrt{1-D^2}} \quad \text{und} \quad D = \frac{\vartheta}{\sqrt{4\pi^2+\vartheta^2}}. \tag{218}$$

Wird dem schwingenden System von einer außerhalb liegenden Energiequelle im Takte seiner Schwingungen

Energie zugeführt, so spricht man von einem selbststeuernden, selbsterregten Schwinger; meistens schaukeln diese sich von den kleinsten Ausschlägen auf (selbstentfachte Schwinger) und erreichen nach einer bestimmten Zeit einen eingeschwungenen Zustand (selbsterhaltende Schwinger). So ist z. B. eine Pendeluhr ein selbsterhaltender, aber kein selbstentfachter Schwinger.

## 214 Freie Schwingungen mit Reibungsdämpfung

Angenommen sei, daß die Reibung unabhängig von der Geschwindigkeit, sie konstant ist. Wie ohne weiteres ersichtlich, wechselt sie ihr Vorzeichen, je nachdem, ob die Masse nach links oder rechts ausschwingt. Die Schwingungsgleichung lautet:

$$m\ddot{x} \pm R + c\,x = 0\,, \tag{219}$$

oder wenn wir für $\frac{R}{c} = \varepsilon$ setzen:

$$m\ddot{x} + c(x \pm \varepsilon) = 0\,.$$

Da $\frac{dx}{dt} = \frac{d(x \pm \varepsilon)}{dt}$ ist, kann auch geschrieben werden

$$m\,\ddot{\overline{(x \pm \varepsilon)}} + c(x \pm \varepsilon) = 0\,.$$

Mit $x \pm c = z = a\,e^{-i\alpha t}$ und $\ddot{z} = -a\,\alpha^2 e^{-i\alpha t}$ wird $m\alpha^2 - c = 0$, also $\alpha^2 = \frac{c}{m} = \omega^2$, d. h. die Kreisfrequenz ist diejenige der dämpfungsfreien Schwingung.

Es wird ferner

$$x \pm \varepsilon = a\,e^{i\omega t} = a(\cos\omega t + i\sin\omega t)$$

und bei Betrachten des Realteiles:

$$x \pm \varepsilon = a\cos\omega t\,. \tag{220}$$

Hieraus ergibt sich nun:

$$x_n - x_{n+1} = a\cos\omega t - a\cos(\omega t + 2\pi) \pm 2\varepsilon = \pm 2\varepsilon, \quad (221)$$

d. h. die Amplituden nehmen nach einer arithmetischen Reihe bei gleichbleibender Frequenz ab.

## 22 Erzwungene Schwingungen

### 221 Antrieb durch Federkräfte

#### 2211 Ohne Dämpfung

Das bisher feststehende Federende vollführe eine harmonische Bewegung, hervorgerufen durch eine periodische Kraft mit der Kreisfrequenz $\Omega$ (Abb. 10). Die Schwingungsgleichung lautet:

$$m\ddot{z} + cz = K\,e^{i\Omega t}. \quad (222)$$

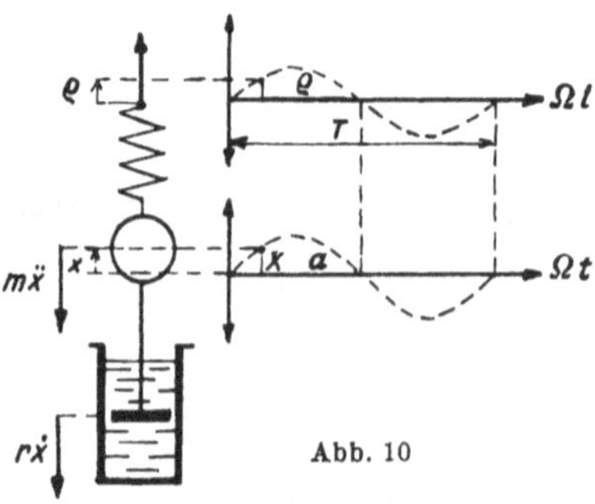


Abb. 10

Mit $z = ae^{i\Omega t}$ und den bekannten Werten für $\dot{z}$ und $\ddot{z}$ wird:

$$-m\,\Omega\,a\,e^{i\Omega t} + c\,a e^{i\Omega t} = K\,e^{i\Omega t},$$

$$a(c - m\,\Omega^2) = K$$

und

$$a = \frac{K}{c - m\Omega^2} = \frac{\frac{K}{c}}{1 - \frac{m}{c}\Omega^2} = \frac{\varrho}{1 - \left(\frac{\Omega}{\omega}\right)^2} \tag{223}$$

wenn $\varrho$ die Auslenkung der Feder unter Mitwirkung der Kraft $K$ ist. Hiermit ergibt sich der Quotient der Amplitude der Masse zu der des angetriebenen Federpunktes zu

$$\frac{a}{\varrho} = \frac{1}{1 - \left(\frac{\Omega}{\omega}\right)^2} = \frac{1}{1 - \beta^2} = V \tag{224}$$

mit $\beta$ dem Verhältnis der Erregenden zur Eigenkreisfrequenz, der Abkürzung in der ersten Auflage. Für $\frac{a}{\varrho}$ war $V$ die Vergrößerungszahl eingeführt, für die nun Vergrößerungsfaktor vorgeschlagen ist.

## 2212 Mit Dämpfung

In der Schwingungsgleichung kommt nun noch das Glied $r\dot{x}$ hinzu, sie lautet:

$$m\ddot{z} + r\dot{z} + cz = Kc^{i\Omega t}. \tag{225}$$

Wegen der auftretenden Phasenverschiebung zwischen der erregenden Kraft bzw. deren Amplitude und dem Ausschlag der Masse wird $z = a e^{i(\Omega t - \varphi)}$ gesetzt.

Mit $\dot{z} = i\Omega a e^{i(\Omega t - \varphi)}$ und $\ddot{z} = -\Omega^2 a e^{i(\Omega t - \varphi)}$ wird:

$$-m\Omega^2 a e^{i(\Omega t - \varphi)} + ir\Omega a e^{i(\Omega t - \varphi)} + ca e^{i(\Omega t - \varphi)} = Ke^{i\Omega t},$$

$$a e^{i(\Omega t - \varphi)}(c - m\Omega^2 + ir\Omega) = Ke^{i\Omega t},$$

$$a(c - m\Omega^2 + ir\Omega) = K\frac{e^{i\Omega t}}{e^{i(\Omega t - \varphi)}} = Ke^{i\varphi}$$

und nach weiteren bekannten Umformungen:

$$\left(1 - \frac{\Omega^2}{\omega^2}\right) + \frac{r}{c}\, i\, \Omega = \frac{\frac{K}{c}}{a}\, e^{i\varphi} = \frac{\varrho}{a}\, e^{i\varphi}$$

und mit

$$\frac{r}{c} = \frac{2\,m\,d}{c} = \frac{2\,\delta}{\omega^2} = \frac{2\,D}{\omega}; \qquad \frac{\Omega}{\omega} = \beta \quad \text{und} \quad \frac{a}{\varrho} = V,$$

$$(1 - \beta^2) + i\,2\,D\,\beta = \frac{1}{V}\, e^{i\varphi}. \tag{226}$$

In der Gaußschen Zahlenebene dargestellt ergibt Abb. 11. Hieraus folgt, einfacher als mit Anwendung der trigonometrischen Funktionen,

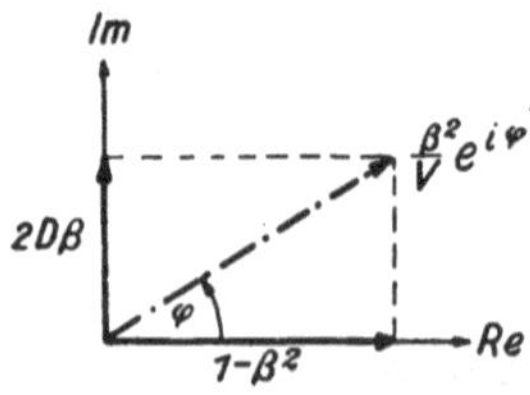


Abb. 11

$$\left(\frac{1}{V}\right)^2 = (2\,D\,\beta)^2 + (1 - \beta^2)^2$$

und

$$V = \frac{1}{\sqrt{(1 - \beta^2)^2 + 4\,D^2\,\beta^2}}. \tag{227}$$

Ferner wird:

$$\operatorname{tg}\varphi = \frac{2\,D\,\beta}{1 - \beta^2}. \tag{228}$$

Diese Gleichung stimmt mit derjenigen der ersten Auflage überein, da $\frac{\Omega}{\omega} = \beta$ und $D = \alpha$ ist.

Für den dämpfungsfreien Fall wird wegen $D = 0$:

$$V = \frac{1}{1 - \beta^2}; \qquad \operatorname{tg}\varphi = 0; \qquad \varphi = 0,$$

und für den Grenzfall $D = 1$ erhalten wir:

$$V = \frac{1}{\sqrt{\beta^4 + 4\beta^2 + 1}} \tag{229}$$

und

$$\operatorname{tg}\varphi = \frac{2\beta}{1 - \beta^2}. \tag{230}$$

In Abb. 12 sind die Funktionswerte $|V|$, absoluter Betrag, da $V$ für $\beta > 1$ negativ wird und nur das Vergrößerungsverhältnis von Bedeutung ist, und die Phasenverschiebung $\varphi$ als Funktion von $\beta = \frac{\Omega}{\omega}$ aufgetragen.

Nach dem Verklingen der gedämpften Eigenschwingung führt die Masse $m$ harmonische Schwingungen aus, synchron der erregenden Ursache, jedoch mit einer Phasenverschiebung $\varphi$, und zwar sind die Ausschläge bis zum Resonanzpunkt $\Omega = \omega$; $\beta = 1$, einander gleich, nach diesem entgegengesetzt gerichtet.

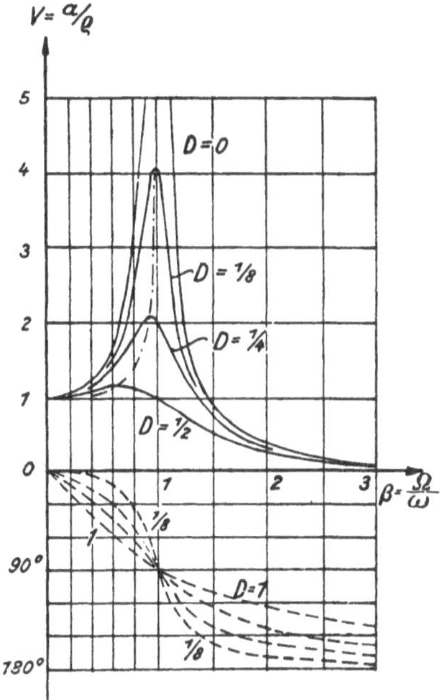

Abb. 12

Die Vergrößerungszahl $V$ wird ein Maximum, wenn $\frac{1}{V}$ oder $\frac{1}{V^2}$ ein Minimum wird. Durch Nullsetzen von

$$\frac{d[(1-\beta^2)^2 + 4D^2\beta^2]}{d\beta}$$

erhalten wir:

$$\beta_{\max} = \sqrt{1 - 2D^2}, \tag{231}$$

$$V_{\max} = \frac{1}{2D\sqrt{1-D^2}}, \tag{232}$$

$$(\operatorname{tg}\varphi)_{\max} = \sqrt{\frac{1}{D^2} - 2}. \tag{233}$$

### 2213 Zahlenbeispiel

Für einen Schwinger, bestehend aus einer Masse $m = 0{,}02$ kg s²cm⁻¹ an einer vertikal angeordneten Feder mit $c = 0{,}5$ kg cm⁻¹, sind die Schwingungswerte für verschiedene Dämpfungen zu berechnen.

Der Massenpunkt habe zur Zeit $t = 0$ den Ausschlag $a = 2$ cm von der Ruhelage.

a) Freie Schwingung.

α) Ohne Dämpfung:

$$\omega = \sqrt{\frac{c}{m}} = \sqrt{\frac{0{,}5}{0{,}02}} = 5\ \mathrm{s}^{-1},$$

$$T = \frac{2\pi}{\omega} = \frac{2\pi}{5} = 1{,}257\ \mathrm{s},$$

$$f = \frac{1}{T} = 0{,}786\ \mathrm{Hz},$$

$$x = a\cos\omega t = a\cos 2\pi f t = a\cos\frac{2\pi}{T}t = 2\cos 5t\ \mathrm{cm},$$

$$v = -a\,\omega\sin\omega t = -10\sin 5t\ \mathrm{cm\,s}^{-1},$$

$$b = -a\,\omega^2\cos\omega t = -50\cos 5t\ \mathrm{cm\,s}^{-2}.$$

β) Mit Dämpfung:

1. Grenzfall $D = 1$.

Es wird $\delta = \omega$ und $\nu = \sqrt{\omega^2 - \delta^2} = \omega\sqrt{1 - D^2} = 0$. Damit wird $x = ae^{-\delta t}\cos\nu t = ae^{-\omega t} = 2e^{-\delta t}$. Es liegt also keine Schwingung vor.

2. $D = 2$.

$$D = \frac{\delta}{\omega} = 2 \quad \text{folglich} \quad \delta = \omega D = 5 \cdot 2 = 10,$$

$$x = ae^{-\omega D t}\cos\omega i\sqrt{D^2 - 1}\,t = ae^{-\omega D t}\operatorname{Cos}\omega\sqrt{D^2 - 1}\,t,$$

$$x = 2\,e^{-10t}\operatorname{Cos} 5\sqrt{3}\,t.$$

3. $D = \frac{1}{10}$.

$$\nu = \omega \sqrt{1 - D^2} = 5 \sqrt{1 - \frac{1}{100}} = 4{,}90 \text{ s}^{-1},$$

$$T = \frac{2\pi}{\nu} = 1{,}282 \text{ s},$$

$$f = \frac{1}{T} = 0{,}780 \text{ Hz},$$

$$\delta = \omega D = 0{,}1 \cdot 5 = 0{,}5,$$

$$x = a\,e^{-\delta t} \cos \nu t = 2\,e^{-0{,}5\,t} \cos 4{,}9\,t \text{ cm}.$$

Ferner wird

$$\frac{x_n}{x_{n+1}} = e^{\delta T} = e^{0{,}641} = 1{,}897,$$

$$\vartheta = \delta T = 0{,}641,$$

$$\vartheta = \frac{2\pi D}{\sqrt{1 - D^2}} = \frac{2\pi \cdot 0{,}1}{\sqrt{1 - 0{,}01}} = 0{,}641.$$

Zwecks Aufzeichnung der abklingenden Schwingung als Projektion eines sich auf einer logarithmischen Spirale bewegenden Punktes formen wir die Gleichung

$$x = 2\,e^{-0{,}5\,t} \cos 4{,}90\,t$$

um, indem wir für $\nu t = \frac{2\pi t}{T}$ setzen, und teilen den Kreisumfang in 12 Teile, so daß für $t = \frac{n}{12} T$ gesetzt werden kann. Damit geht der Ausdruck für den Fahrstrahl über in $r = 2e^{-0{,}5\,n/12\,T} = 2e^{-0{,}0534\,n}$. Für $n = 12$ erhalten wir $2e^{-0{,}641}$ und $\frac{r_0}{r_1} = e^{0{,}641} = 1{,}897$. Die ersten 6 Werte sind:

| $n$ | 0 | 1 | 2 | 3 | 4 | 5 | 6 |
|---|---|---|---|---|---|---|---|
| $r$ | 2,000 | 1,895 | 1,798 | 1,701 | 1,621 | 1,531 | 1,452 |

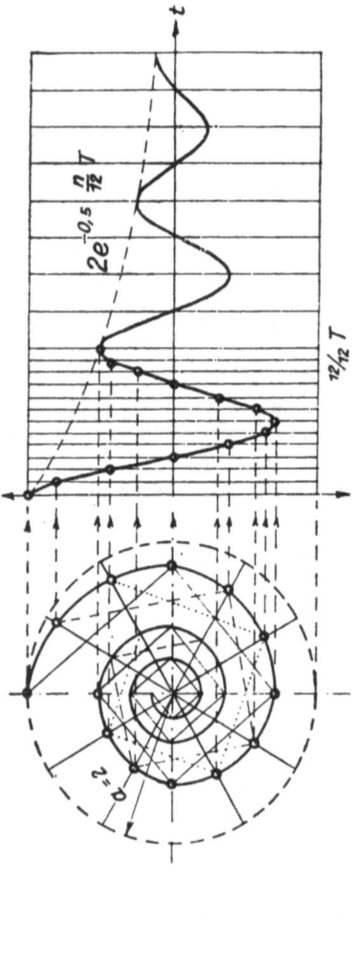


Abb. 13

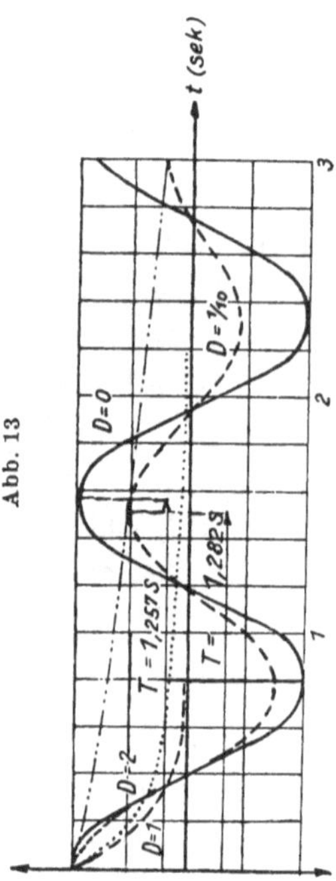


Abb. 14

Zur Aufzeichnung der Spirale genügen die Werte für $n = 0$ bis 3, wenn man die in Abb. 13 angegebene graphische Methode anwendet.

Die bisher berechneten Fälle für $D = 0$, 1, 2 und $\frac{1}{10}$ sind in Abb. 14 aufgezeichnet.

### 2214 Erzwungene Schwingungen

Das bisher feststehende Federende werde nach Abb. 10 sinusförmig bewegt nach $x = r \sin \Omega t$, wobei $r = 1$ cm; $\Omega = 7{,}5\ \mathrm{s}^{-1}$; $D = \frac{1}{10}$ sein möge. Nach dem Abklingen der freien gedämpften Schwingung bewegt sich die Masse synchron $\Omega$, ihr Ausschlag errechnet sich aus

$$V = \frac{a}{\varrho} = \frac{1}{\sqrt{(1 - \beta^2)^2 + 4 D^2 \beta^2}},$$

worin für $\beta = \frac{\Omega}{\omega} = \frac{7{,}5}{5} = 1{,}5$ zu setzen ist. Damit wird

$$V = \frac{1}{\sqrt{(1 - 1{,}5^2)^2 + 4 \cdot 1{,}5^2 \cdot (\frac{1}{10})^2}} = 0{,}825,$$

$$a = 0{,}825 \cdot 1 = 0{,}825 \text{ cm.}$$

Der Phasenwinkel beträgt

$$\operatorname{tg} \varphi = \frac{2 \beta D}{1 - \beta^2} = \frac{2 \cdot 0{,}1 \cdot 1{,}5}{-1{,}25} = -0{,}24$$

$$\operatorname{tg}(180 - \varphi) = 0{,}24,$$

$$180 - \varphi = 13{,}5°,$$

$$\varphi = 180 - 13{,}5 = 166{,}5°.$$

### 222 Antrieb durch Massenkräfte

Diesen für die Technik wichtigen Fall zeigt Abb. 15. In der Hauptmasse $m_1$ befindet sich eine zweite Masse $m_0$, die durch einen Kurbeltrieb bewegt, harmonische Schwingungen ausführt. Eine zweite Antriebsart (Abb. 16) zeigt zwei gegenläufig rotierende exzentrische Massen $\frac{m_0}{2}$. Die senkrecht zum Schwingungsweg wirkenden Komponenten heben sich auf. Die durch die Zentrifugalkraft hervor-

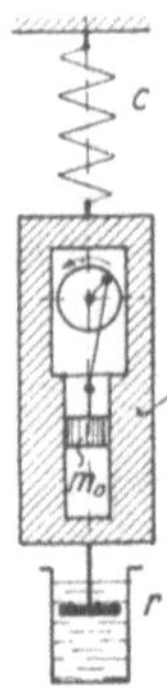


Abb. 15

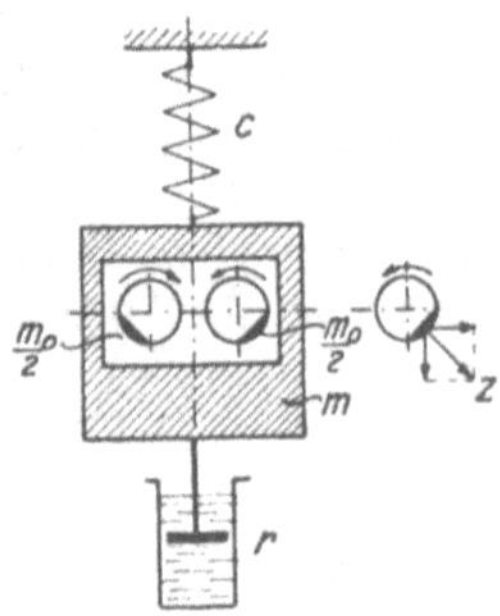


Abb. 16

gerufene erregende Kraft ist $m_0 r_0 \Omega^2 \cos\Omega t$. Die Schwingungsgleichung lautet:

$$m\ddot{z} + r\dot{z} + cz = m_0 r_0 \Omega^2 e^{i\Omega t}. \tag{234}$$

Die Lösung mit $z = a e^{i(\Omega t - \varphi)}$ ergibt:

$$1 - \left(\frac{\Omega}{\omega}\right)^2 + \frac{2D\Omega}{\omega} i = \frac{m_0 r_0}{a c} \Omega^2 e^{i\varphi} = \frac{s}{a}\left(\frac{\Omega}{\omega}\right)^2 e^{i\varphi},$$

wenn für $m_0 r_0 = ms$ nach dem Schwerpunktsatz geschrieben wird. Setzen wir für $V = \frac{a}{s}$ das Ausschlagsverhältnis der Masse zum Schwerpunktausschlag, so erhalten wir schließlich:

$$(1 - \beta^2)^2 + i\,2D\beta = \frac{1}{V}\beta^2 e^{i\varphi}. \tag{235}$$

Aus Abb. 17 kann ohne weiteres angeschrieben werden:

$$V = \frac{\beta^2}{\sqrt{(1-\beta^2)^2 + (2D\beta)^2}} \tag{236}$$

und

$$\operatorname{tg}\varphi = \frac{2D\beta}{1-\beta^2} \tag{237}$$

Der Phasenwinkel ist also der gleiche, die Vergrößerungszahl $\beta^2$ mal so groß wie bei dem Federkraftantrieb (Abb. 10).

In Abb. 18 ist $V$ als Funktion von $\beta$ wiedergegeben.

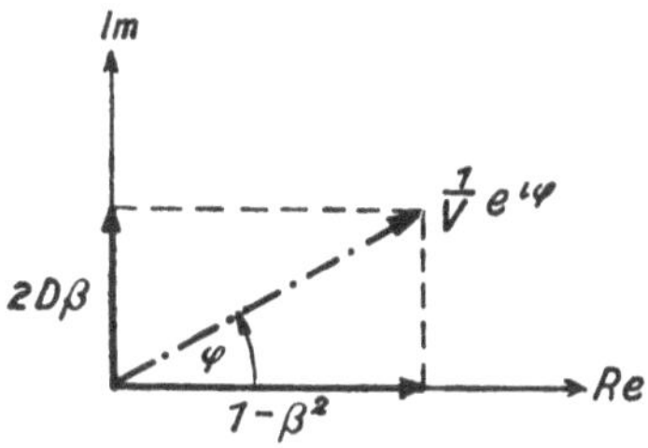


Abb. 17

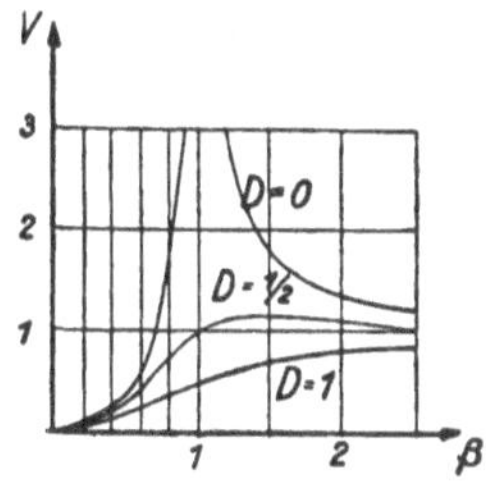


Abb. 18

Weitere Antriebsarten der erzwungenen Schwingungen, wie durch Dämpfungskräfte, elektromagnetische Kräfte, sind in der angeführten Literatur nachzulesen[1]).

## 23 Zusammengesetzte Schwingungen

### 231 Sinus- und Cosinus-Schwingungen

Wenn $x = a \sin\omega t$ ist, so kann $x = a \cos\omega t$ als eine um $\frac{\pi}{2} = \frac{T}{4}$ verschobene Sinusschwingung aufgefaßt werden:

$$\cos\omega t = \sin\left(\omega t + \frac{\pi}{2}\right).$$

Die Addition von

$$x_1 = a \sin\omega t, \qquad x_2 = -b \cos\omega t$$

[1]) U. a. Lehr, Schwingungstechnik.

ergibt, da die Schwingungen gleiche Frequenzen haben, wie Abb. 19 zeigt:

$$x = c \sin(\omega t - \varphi)$$

mit

$$c = \sqrt{a^2 + b^2}$$

und

$$\operatorname{tg} \varphi = -\frac{b}{a} = \operatorname{tg}(360 - \varphi) = \operatorname{tg}(-\varphi).$$

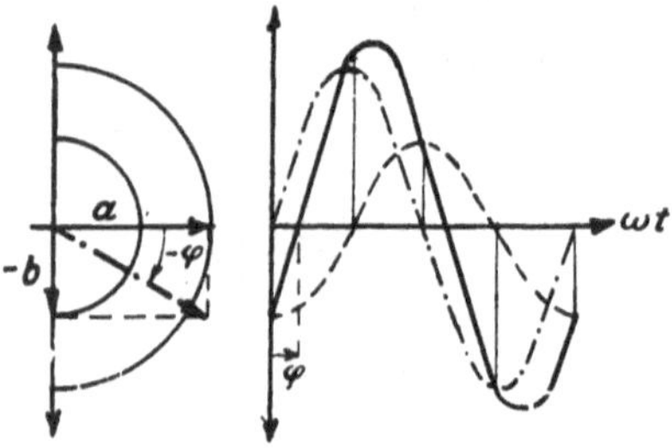


Abb. 19

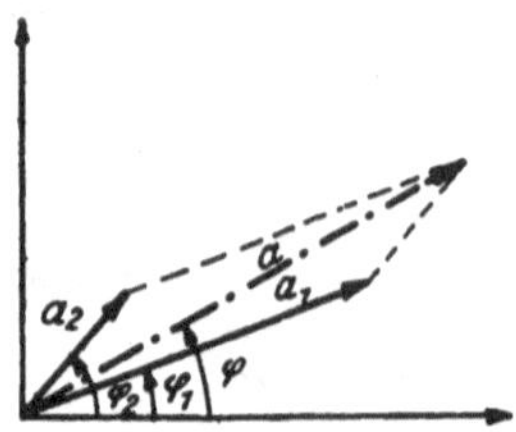


Abb. 20

## 232 Addition bei gleicher Frequenz

$$x_1 = a_1 \sin(\omega t + \varphi_1),$$
$$x_2 = a_2 \sin(\omega t + \varphi_2)$$

$$x_1 + x_2 = x = c \sin(\omega t + \varphi).$$

Die Addition erfolgt geometrisch, wie Abb. 20 zeigt, oder mit komplexen Zahlen, wie dies im Anhang gezeigt ist.

## 233 Addition bei ungleichen Frequenzen

1. Die Frequenzen sind ganzzahlige Vielfache der Grundfrequenz. Zum Beispiel:

$$x_1 = a_1 \sin \omega t, \qquad x_2 = a_2 \sin(2\omega t + \pi).$$

In Abb. 21 sind die beiden Schwingungen aufgezeichnet und die Resultierende, die wieder eine Schwingung gleicher Frequenz ergibt.

2. Die Frequenzen sind nur wenig voneinander verschieden (Schwebungen):

$$x = a \sin \omega t, \qquad x_1 = a_1 \sin \omega_1 t.$$

Hierbei soll $\omega_1 - \omega = \Delta\omega$ klein gegenüber $\omega$ sein. Mit $\omega_1 = \omega + \Delta\omega$ wird

$$x + x_1 = \sin \omega t (a_1 \cos \Delta\omega t + a) + \cos \omega t \, a_1 \sin \Delta\omega t,$$

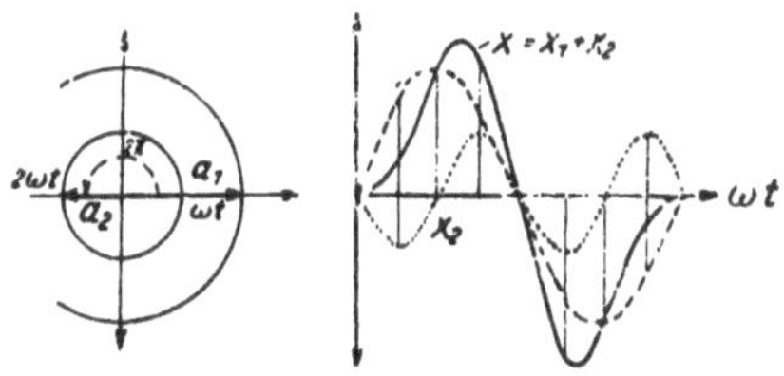


Abb. 21

wofür man auch schreiben kann:

$$x + x_1 = A \sin \omega t + B \cos \omega t$$

oder

$$x + x_1 = C \sin(\omega t + \gamma).$$

Darin ist

$$C = \sqrt{A^2 + B^2}$$

oder

$$C = \sqrt{a_1^2 + a^2 + 2 a a_1 \cos \Delta\omega t}.$$

Für $\cos \Delta\omega t = 1$ erhalten wir:

$$C = \pm (a_1 + a)$$

und für $\cos \Delta\omega t = -1$:

$$C = \pm (a_1 - a).$$

Die Amplitude der Interferenzschwingung schwankt also zwischen den Werten $a_1 + a$ und $a_1 - a$.

Zwischen zwei Extremwerten liegt die Periode $2\pi$. Bezeichnet man die zugehörige Zeit mit $T_s$, Schwebungsdauer, so erhält man:

$$T_s = \frac{2\pi}{\Delta\omega} = \frac{2\pi}{\omega_1 - \omega},$$

oder, da

$$\frac{2\pi}{\omega_1} = T_1 \quad \text{und} \quad \frac{2\pi}{\omega_2} = T_2$$

ist,

$$T_s = \frac{T_1 T}{T - T_1} \tag{238}$$

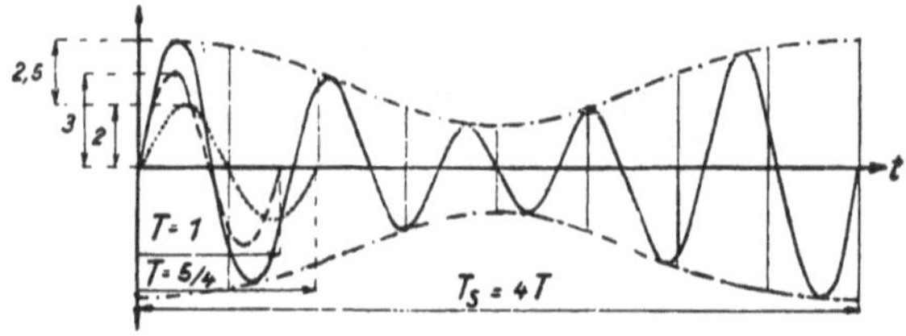


Abb. 22

oder nach Einführen der Frequenzen $f = \frac{1}{T}$:

$$\frac{1}{f_s} = \frac{\frac{1}{f_1}\,\frac{1}{f}}{\frac{1}{f} - \frac{1}{f_1}} = \frac{1}{f_1 - f}$$

und damit:

$$f_s = f_1 - f, \tag{239}$$

d. h. die Schwebungsfrequenz ist gleich der Differenz der beiden Frequenzen.

In Abb. 22 ist ein Beispiel gezeigt für ein Amplitudenverhältnis 2 : 3 und Frequenzverhältnis 4 : 5. Mit diesem wird:

$$T_s = 4\,T.$$

## 24 Harmonische Analyse

In Umkehrung der im vorigen Abschnitt behandelten Addition von Sinusschwingungen (Synthese) mit ganz-

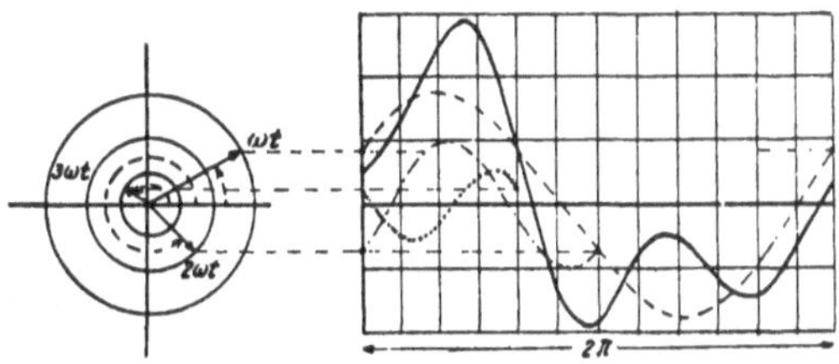


Abb. 23

zahligen Frequenzen kann jeder periodische Vorgang nach Fourier durch folgende Reihe dargestellt werden:

$$f(x) = a_0 + a_1 \sin\omega t + a_2 \sin 2\omega t + a_3 \sin 3\omega t + \cdots$$
$$+ b_1 \cos\omega t + b_2 \cos 2\omega t + b_3 \cos 3\omega t + \cdots$$

oder durch:

$$f(x) = a_0 + c_1 \sin(\omega t + \varphi_1) + c_2 \sin(\omega t + \varphi_2) \ldots$$

Über die Bestimmung der Koeffizienten gibt 5. Auskunft.

Die in Abb. 23 wiedergegebene periodische Kurve ergibt folgende Fouriersche Reihe:

$$f(x) = 3{,}5 \sin(\omega t + 30°) +$$
$$+ 2{,}0 \sin(2\omega t + 315°)$$
$$+ 1{,}0 \sin(3\omega t + 150°)$$

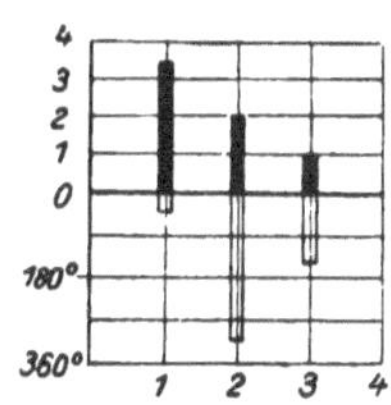


Abb. 24

für die wir folgendes Spektrum (Abb. 24) aufzeichnen können, in dem nach oben die Amplituden, nach unten die Phasenwinkel aufgetragen sind.

# 3 Bestimmung der Schwingungsdauer einfacher Systeme

## 31 Schwingungssysteme unter Wirkung der Schwerkraft

### 311 Mathematisches Pendel

Unter einem mathematischen Pendel versteht man eine punktförmige Masse $m$ an einem masselosen Faden der Länge $l$ (Abb. 25). Zur Zeit $t$ bilde der Faden mit der Ruhelage den Winkel $\alpha$. Auf die Masse $m$ wirkt die Schwerkraft $mg$, die in die Komponente $mg\cos\alpha$ in Richtung des Fadens und in $mg\sin\alpha$ senkrecht dazu zerlegt werden kann. Die Komponente $mg\cos\alpha$ wirkt als Zug im Faden, hat also keinen Einfluß auf die Bewegung.

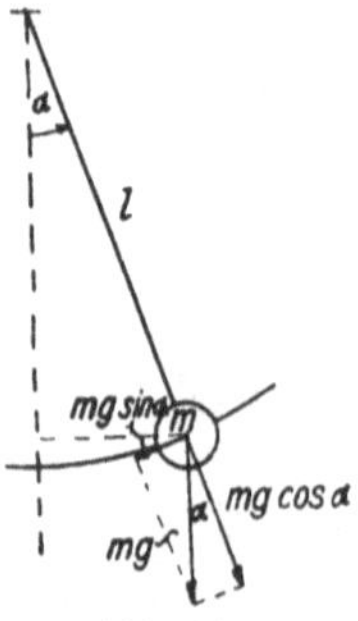

Abb. 25

Es sei:

$\ddot{\alpha}$: die Winkelbeschleunigung,
$\ddot{\alpha}l$: die Umfangsbeschleunigung,
$ml\ddot{\alpha}$: die Trägheitskraft,
$mg\sin\alpha$: die rückwirkende Kraft.

Damit lautet die Bewegungsgleichung:

$$m\ddot{\alpha}l = -mg\sin\alpha.$$

Die Umformung der Gleichung ergibt:

$$\ddot{\alpha} + \frac{g}{l}\sin\alpha = 0. \tag{301}$$

Wir ersehen aus ihr, daß die Masse $m$ aus der Gleichung herausfällt.

Nehmen wir nun zuerst an, daß die Ausschläge klein sind, so daß an Stelle von $\sin\alpha$ der Bogen $\alpha$ selbst gesetzt werden kann, so lautet unsere Gleichung:

$$\ddot{\alpha} + \frac{g}{l}\alpha = 0, \tag{302}$$

deren Lösung wir bereits kennen.

Es ist nach dem Früheren:

$$\omega^2 = \frac{g}{l}; \qquad \omega = \sqrt{\frac{g}{l}}$$

und

$$T = \frac{2\pi}{\omega} = 2\pi\sqrt{\frac{l}{g}}. \tag{303}$$

Zu bemerken ist noch, daß ein Sekundenpendel eine volle Schwingungsdauer von 2 sek besitzt. Die Länge dieses Sekundenpendels ergibt sich zu $l = \frac{g}{\pi^2}$, also für eine geographische Breite 50° mit $g = 9{,}81^{\mathrm{m\,s^{-2}}}$ zu $l = 0{,}994$ m.

## 312 Physisches Pendel

Wir betrachten das Massenelement $dm$ einer Pendelscheibe (Abb. 26). Nach den Betrachtungen im vorherigen Teil lautet für diese die Bewegungsgleichung:

$$dm\, l\, \ddot{\alpha} + dm\, g \sin\alpha = 0.$$

Die Gleichung für die ganze Scheibe erhält man durch Summierung wie folgt:

$$\sum dm\, l\, \ddot{\alpha} + \sum dm\, g \sin\alpha = 0.$$

Beide Seiten mit $l$ multipliziert ergibt:

$$\sum dm\, l^2\, \ddot{\alpha} + \sum dm\, g\, l \sin\alpha = 0.$$

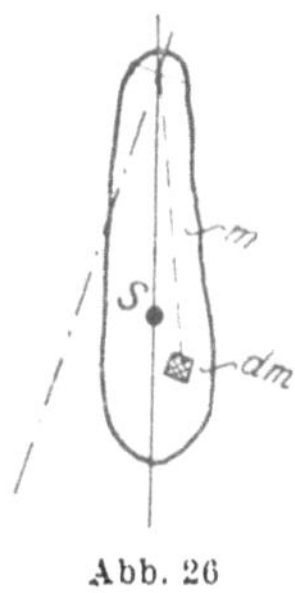


Abb. 26

In dieser Gleichung ist nun:

$\sum dm\, l^2 = \Theta$: das Massenträgheitsmoment der Scheibe, bezogen auf die Drehachse;

$\sum dm\, l = M$: das statische Moment, für das $mg\, s$ gesetzt werden kann, worin $m$ die Masse der Scheibe, $s$ der Schwerpunktabstand von der Drehachse ist.

Mit diesen Werten wird die Schwingungsgleichung:

$$\Theta \ddot{\alpha} + m g s \sin\alpha = 0 \tag{304}$$

oder für kleine Ausschläge, da $\sin\alpha = \alpha$ gesetzt werden kann:

$$\ddot{\alpha} + \frac{m g s}{\Theta} \alpha = 0 . \tag{305}$$

Hieraus ergibt sich die Schwingungsdauer zu

$$T = 2\pi \sqrt{\frac{\Theta}{m g s}} . \tag{306}$$

Vergleicht man diese Gleichung mit derjenigen für das mathematische Pendel, so ergeben sich gleiche Schwingungsdauern für

$$\frac{l}{g} = \frac{\Theta}{m g s}$$

Hieraus wird

$$l = \frac{\Theta}{m s} .$$

Diese Länge $l$ bezeichnet man als die reduzierte Pendellänge.

Zur weiteren Untersuchung benötigen wir die Umrechnung des Trägheitsmomentes auf parallele Achsen. Ist $\Theta$ das Trägheitsmoment, bezogen auf die Drehachse, $\Theta_s$ dasjenige für die Schwerachse, so besteht zwischen beiden nach Steiner die Beziehung

$$\Theta = \Theta_s + m s^2 .$$

Setzen wir weiter für

$$\Theta_s = m k^2 ,$$

worin $k$ der Trägheitsradius ist, so wird

$$\Theta = m (s^2 + k^2) .$$

Damit erhalten wir für die reduzierte Pendellänge den Ausdruck

$$l = \frac{s^2 + k^2}{s^2} = 1 + \left(\frac{k}{s}\right)^2$$

und hieraus
$$s^2 - l s + k^2 = 0.$$

Die Auflösung dieser Gleichung liefert die Wurzelwerte:

$$s_{12} = \frac{l}{2} \pm \sqrt{\left(\frac{l}{2}\right)^2 - k^2}.$$

Die Wurzeln sind reell, solange $l^2 > 4k^2$ ist. Aus diesen Ableitungen folgt, daß das Scheibenpendel zwei Aufhängepunkte besitzt für gleiches $T$, ihre Entfernungen vom Schwerpunkt sind $s_1$ und $s_2$.

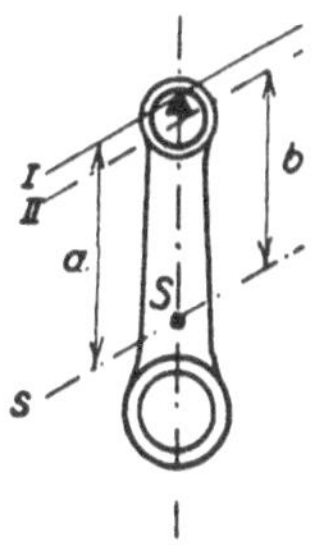

Abb. 27

Zur Beantwortung der Frage, für welche Entfernung des Aufhängepunktes vom Schwerpunkt die reduzierte Länge und damit die Schwingungsdauer ein Minimum wird, differenzieren wir nach $s$:

$$\frac{d}{ds}(s^2 - l s + k^2) = 2s - l,$$

setzen den erhaltenen Wert = Null und erhalten $s = \frac{l}{2}$

Dies ist nach den Gleichungen für die Wurzelwerte der Fall, wenn $l^2 = 4k^2$, d. h. $l = 2k$ ist.

Mit Gl. (306) kann das Trägheitsmoment eines unregelmäßigen Körpers ermittelt werden, wenn dessen Gewicht und Schwerpunktlage bekannt sind, wobei letztere in den meisten Fällen leicht durch Auflegen auf eine Schneide bestimmt werden kann.

Für die in Abb. 27 wiedergegebene Kurbelstange bestimmt man aus der beobachteten Schwingungsdauer $T$ das Trägheitsmoment, bezogen auf die Schneide aus $T = 2\pi\sqrt{\frac{\Theta_I}{G s}}$, und rechnet dieses dann um auf die Bolzenachse mittels des Steinerschen Satzes. Hierbei muß zuerst $\Theta_s = \Theta_I - m a^2$ und hieraus das gesuchte Trägheitsmoment nach $\Theta_{II} = \Theta_s + m b^2$ berechnet werden.

## 313 Metronom von Mälzel

Es sei nach Abb. 28

$$b = \alpha\, a\,, \qquad m_0 = \beta\, m\,.$$

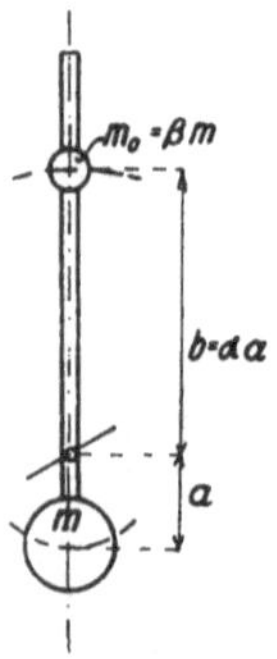


Abb. 28

Damit wird

$$\Theta = m\, a^2 + m_0\, b^2$$

$$= m\, a^2 (1 + \alpha^2 \beta) = m\, k_0^2,$$

d. h.

$$k_0^2 = a^2 (1 + \alpha^2 \beta)\,.$$

Der Schwerpunktabstand errechnet sich aus

$$(m + \beta\, m)\, s = a\, m - \beta\, b\, m$$

zu:

$$s = \frac{1 - \alpha\beta}{1 + \beta}\, a$$

und schließlich die reduzierte Pendellänge aus

$$l = \frac{k_0^2}{s}$$

zu

$$l = \frac{a(1 + \alpha^2 \beta)(1 + \beta)}{1 - \alpha\beta}\,.$$

Wird gewählt:

$$\beta = 0{,}1\,, \qquad \alpha = 3\,,$$

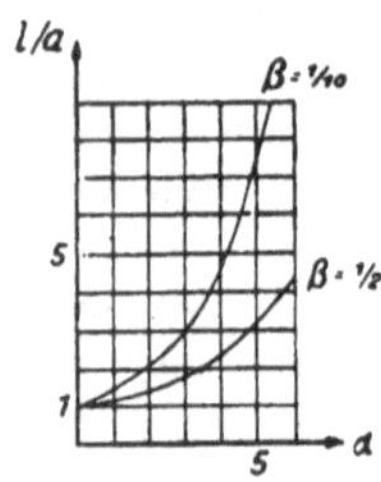


Abb. 29

so erhält man für

$$\frac{l}{a} = 2{,}985\,.$$

Mit $a = 2{,}5$ cm wird $l = 7{,}45$ cm und

$$T = 2\pi \sqrt{\frac{l}{g}} = 2\pi \sqrt{\frac{7{,}45}{981}} = 0{,}545\, s\,,$$

$f = 1{,}835$ Hz oder 110 Schwingungen in der Minute.

In Abb. 29 sind für $\beta = \frac{1}{10}$ und $\beta = \frac{1}{20}$ die Werte $\frac{l}{a}$ graphisch aufgetragen.

Bei den Ausrechnungen ist stets angenommen, daß die Masse der Stange gegenüber den Massen selbst verschwindend klein ist.

## 314 Mathematisches Pendel mit großem Ausschlag

In Abb. 30 sei $\alpha$ der größte Ausschlag des Fadenpendels, $\varphi$ die augenblickliche Lage. Der Höhenunterschied läßt sich ausdrücken durch

$$h = l\cos\varphi - l\cos\alpha = l(\cos\varphi - \cos\alpha).$$

Aus der Mechanik wissen wir, daß die Wuchtänderung gleich ist der in der gleichen Zeit geleisteten Arbeit. Die Fadenspannung steht senkrecht zur Bewegungsrichtung, leistet also keine Arbeit. Danach ist nun:

$$Q\,h = \tfrac{1}{2}\,m\,v_2^2 - \tfrac{1}{2}\,m\,v_1^2,$$

oder da im Punkte 1 die Geschwindigkeit nach unserer Annahme gleich Null ist:

$$Q\,h = \frac{1}{2}\,m\,v_2^2 = \frac{1}{2}\,\frac{Q}{g}\,v_2^2,$$

woraus sich die Geschwindigkeit ergibt zu:

$$v_2 = \sqrt{2g\,h} = \sqrt{2g\,l(\cos\varphi - \cos\alpha)}.$$

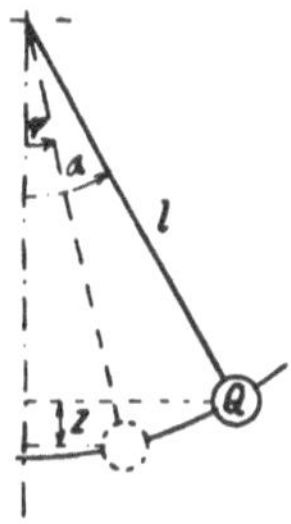


Abb. 30

Der in der Zeit $dt$ zurückgelegte Weg ist nun $v_2\,dt$, wofür wir auch $l\,d\varphi$ schreiben können. Damit wird:

$$d\varphi = \sqrt{\frac{2g}{l}}\sqrt{\cos\varphi - \cos\alpha}\,dt$$

oder, da uns die Zeit besonders interessiert,

$$dt = \sqrt{\frac{l}{2g}}\,\frac{d\varphi}{\sqrt{\cos\varphi - \cos\alpha}}$$

Um die Zeit von der Nullage bis zum Ausschlag $\alpha$ zu erhalten, integrieren wir von Null bis $\alpha$ und erhalten:

$$t = \sqrt{\frac{l}{2g}} \int_0^\alpha \frac{d\varphi}{\sqrt{\cos\varphi - \cos\alpha}}$$

Diese Zeit ist $\frac{1}{4}$ der vollen Schwingungsdauer.

Den Ausdruck unter der Wurzel formen wir mittels der Beziehung

$$\cos\beta = 1 - 2\sin^2\frac{\beta}{2}$$

um und erhalten:

$$t = \frac{1}{2}\sqrt{\frac{l}{g}} \int_0^\alpha \frac{d\varphi}{\sqrt{\sin^2\frac{\alpha}{2} - \sin^2\frac{\varphi}{2}}}$$

Weiter führen wir eine neue Veränderliche $\psi$ ein durch die Beziehung

$$\sin\frac{\varphi}{2} = \sin\frac{\alpha}{2}\sin\psi .$$

Um $d\varphi$ durch $d\psi$ auszudrücken, differenzieren wir beide Seiten und erhalten:

$$\frac{1}{2}\cos\frac{\varphi}{2}\,d\varphi = \cos\psi\,d\psi\sin\frac{\alpha}{2}$$

und hieraus:

$$d\varphi = \frac{2\cos\psi\sin\frac{\alpha}{2}}{\cos\frac{\varphi}{2}}\,d\psi$$

oder, da

$$\cos\frac{\varphi}{2} = \sqrt{1 - \sin^2\frac{\varphi}{2}}$$

und mit obigem Ausdruck für $\sin\frac{\varphi}{2}$

$$\cos\frac{\varphi}{2} = \sqrt{1 - \sin^2\frac{\alpha}{2}\sin^2\psi}$$

schließlich:

$$d\varphi = \frac{2 \cos\psi \sin\frac{\alpha}{2}}{\sqrt{1 - \sin^2\frac{\alpha}{2}\sin^2\psi}}.$$

Dieser Wert eingesetzt ergibt, wenn gleichzeitig $\sin\frac{\varphi}{2}$ durch $\sin\frac{\alpha}{2}\sin\psi$ ersetzt wird:

$$t = \sqrt{\frac{l}{g}} \int_0^{\pi/2} \frac{d\psi}{\sqrt{1 - \sin^2\frac{\alpha}{2}\sin^2\psi}}$$

Die neuen Grenzwerte ergeben sich aus Gleichung

$$\sin\frac{\varphi}{2} = \sin\frac{\alpha}{2}\sin\psi .$$

Diese kann für $\varphi = 0$ nur bestehen, wenn $\psi = 0$ ist; $\varphi = \alpha$ nur, wenn $\psi = \frac{\pi}{2}$ ist.

Durch die elementaren Funktionen ist das Integral nicht ausdrückbar und daher auch nicht ohne weiteres zu lösen. Man nennt es ein elliptisches Integral erster Gattung und führt das Zeichen ein:

$$\int_0^{\pi/2} \frac{d\psi}{\sqrt{1 - \sin^2\frac{\alpha}{2}\sin^2\psi}} = F\left(\sin\frac{\alpha}{2}, \frac{\pi}{2}\right),$$

darin ist $\sin\frac{\alpha}{2}$ der Modul und $\frac{\pi}{2}$ das Argument. Die Werte selbst entnimmt man den Tafeln für elliptische Integrale.

Wir erhalten nun für die volle Schwingungsdauer:

$$T = 4\sqrt{\frac{l}{g}}\, F\left(\sin\frac{\alpha}{2}, \frac{\pi}{2}\right). \tag{307}$$

Einige Werte der Funktion enthält folgende Tafel:

| $\alpha = 0°$ | $\frac{\alpha}{2} = 0$ | $F\left(\sin\frac{\alpha}{2}, \frac{\pi}{2}\right) = 1{,}5708 = \frac{\pi}{2}$ |
|---|---|---|
| 5 | 2,5 | 1,5715 |
| 10 | 5 | 1,5738 |
| 20 | 10 | 1,5828 |
| 40 | 20 | 1,6200 |
| 60 | 30 | 1,6858 |
| 90 | 45 | 1,8541 |

Wir sehen ferner, daß der Funktionswert $F$ sich bis $\alpha = 5°$ nur um $^{7}/_{10\,000}$ ändert.

Für mittlere Ausschläge werden wir im folgenden noch eine angenäherte Formel ableiten. Den Wert unter dem Integralzeichen können wir mit Hilfe der binomischen Reihe:

$$(1 \pm x)^n = 1 \pm \binom{n}{1} x + \binom{n}{2} x^2 \pm \binom{n}{3} x^3 + \cdots$$

gültig für jedes $n$ und für $-1 < x < +1$ umformen. Diese lautet für unseren besonderen Fall:

$$\frac{1}{\sqrt{1 - x^2}} = 1 + \frac{1}{2} x^2 + \frac{3}{8} x^4 + \cdots$$

Rechnet man nur mit den beiden ersten Gliedern der rasch konvergierenden Reihe für kleines $x$, so erhält man für $x$ den Wert eingesetzt:

$$t = \sqrt{\frac{l}{g}} \left[\int_0^{\pi/2} d\psi + \frac{1}{2} \sin\alpha \int_0^{\pi/2} \sin^2\psi \, d\psi\right].$$

Da nun das letzte Integral mit den Grenzen 0 bis $\frac{\pi}{2}$ den Wert $\frac{\pi}{4}$ ergibt, wird

$$t = \sqrt{\frac{l}{g}} \left(\frac{\pi}{2} + \frac{\pi}{8} \sin^2 \frac{\alpha}{2}\right),$$

oder wenn wir, da es sich nur um mittlere Ausschläge handelt, $\sin^2\frac{\alpha}{2} = \frac{\alpha^2}{4}$ setzen:

$$t = \sqrt{\frac{l}{g}}\,\frac{\pi}{2}\left(1 + \frac{\alpha^2}{16}\right),$$

oder für die volle Schwingung:

$$T = 2\pi\sqrt{\frac{l}{g}}\left(1 + \frac{\alpha^2}{16}\right), \tag{308}$$

worin $\alpha$ im Bogenmaß einzusetzen ist. Da zwischen Bogenmaß und Winkelgeraden die Beziehung $\operatorname{arc}\alpha = \frac{360}{2\pi}\alpha$ besteht, lautet die Formel für die Schwingungsdauer:

$$T = 2\pi\sqrt{\frac{l}{g}}\,(1 + c\,\alpha^{\circ 2}) \tag{309}$$

mit

$$c = \frac{1}{16}\left(\frac{2\pi}{160}\right)^2 = 0{,}000019.$$

Der Wert des Korrektionsgliedes $(1 + c\,\alpha^{\circ 2})$ ist für einzelne Ausschläge wie folgt:

| $\alpha$ | $(1 + c\,\alpha^{\circ 2})$ |
|---|---|
| $\alpha = 5°$ | $(1 + c\,\alpha^{\circ 2}) = 1{,}0005$ |
| 10 | 1,0019 |
| 20 | 1,0076 |
| 40 | 1,0304 |
| 60 | 1,0684 |
| 90 | 1,1539 |

Ein Vergleich der Werte $T$ nach den drei Formeln zeigt eine gute Übereinstimmung der Näherungsformel für mittlere Ausschläge mit der genauen bis etwa 45°, der Formel $T = 2\pi\sqrt{\frac{l}{g}}$ für kleine Ausschläge bis etwa 6°

## 315 Drehpendel (Bifilarpendel)

Das Bifilarpendel wurde zuerst von Gauß angewandt zur Aufhängung der Magnetnadel eines Galvanometers.

Es soll im folgenden behandelt werden, da es zur Bestimmung von Trägheitsmomenten beliebig geformter Körper gute Dienste leistet, vor allem, da der Gleitmodul des Drahtes nicht bekannt sein muß.

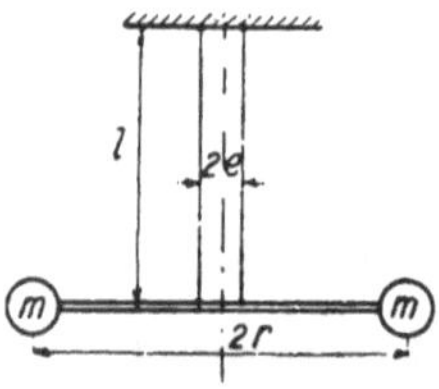

Abb. 31

In Abb. 31 ist eine Ausführungsform angegeben. Der Stab, der die zwei Massen $m$ trägt, ist an zwei parallelen Fäden aufgehängt, deren Entfernung $2e$ und deren Länge $l$ sei.

Der Ausschlag zur Zeit $t$ sei $\varphi$, der Bogen $x$ (Abb. 32). Zur Bestimmung der rückwirkenden Kraft müssen wir zuerst untersuchen, welche Kräfte im Punkte $A'$ wirken. Senkrecht nach unten wirkt das Gewicht der Masse, also $mg$. In Richtung des Fadens wirkt die Komponente $mg \cos\alpha$.

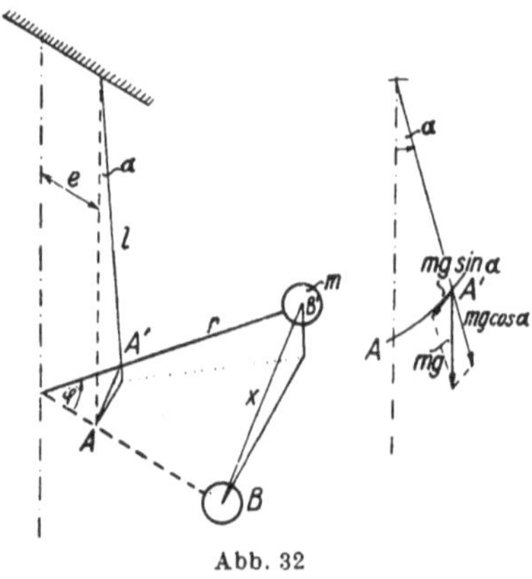

Abb. 32

Einfluß auf die Bewegung hat jedoch nur die Komponente $mg \sin\alpha$. Um diese Wirkung im Punkte $A'$ hervorzurufen, muß in $B'$ die Kraft $\frac{e}{r}\, mg \sin\alpha$ wirken.

Die Differentialgleichung der Schwingung lautet nun:

$$2\,m\,\ddot{x} + 2\,mg\,\frac{e}{r}\sin\alpha = 0\,. \tag{310}$$

Wir formen diese um, indem wir setzen:

$$x = \varphi\,r; \qquad \alpha = \frac{e}{l}\,\varphi$$

und erhalten nach Multiplikation mit $r$:

$$2\,m\,r^2\,\ddot{\varphi} + 2\,mg\,e\sin\left(\frac{e}{l}\,\varphi\right) = 0\,.$$

In dieser Gleichung ist $2mr^2 = \Theta$ und $2mg = Q$. Für kleine Winkel $\varphi$ können wir, besonders da $\frac{e}{l} < 1$ ist, $\sin\left(\frac{e}{l}\,\varphi\right) = \frac{e}{l}\,\varphi$ setzen und erhalten:

$$\ddot{\varphi} + \frac{Q\,e^2}{\Theta\,l}\,\varphi = 0\,, \tag{311}$$

woraus sich ergibt:

$$T = 2\pi\sqrt{\frac{\Theta\,l}{Q\,e^2}} \tag{312}$$

oder, wenn das Massenträgheitsmoment eines Körpers ermittelt werden soll:

$$\Theta = \left(\frac{T}{2\pi}\right)^2 Q\,\frac{e^2}{l}\,.$$

Die obige Formel ist jedoch nur richtig, wenn das durch die Verdrehung der Drähte hervorgerufene Torsionsmoment vernachlässigt werden kann. Bei Verwendung dünner Drähte bzw. Drahtseile jedoch ist dies meistens der Fall, besonders wenn $l$ groß gegen $e$ gewählt wird.

Hängt man den Körper an drei Punkten auf, die auf einem Kreis mit dem Radius $r$ liegen, so bleibt obige Formel ohne Änderung bestehen; $e = r$.

## 316 Balkenwaage

In Abb. 33 ist die Waage schematisch wiedergegeben; $Q$ sind die Belastungsgewichte, $\Delta Q$ das den Ausschlag $\varphi$ hervorrufende Übergewicht. Das Gewicht des Waagebalkens denken wir uns im Schwerpunkt $S$ wirkend, welcher, um einen stabilen Gleichgewichtszustand zu erreichen, unterhalb der Mittelschneide liegen muß. Die Gleichgewichtsgleichung lautet:

$$(Q + \Delta Q)\, l \cos\varphi = Q\, l \cos\varphi + G\, s \sin\varphi\,,$$

$$\Delta Q l \cos\varphi = G s \sin\varphi\,,$$

woraus sich ergibt:

$$\operatorname{tg}\varphi = \frac{l}{G s} \Delta Q.$$

Der Ausdruck $\frac{l}{G s}$ ist ein Maß für die Empfindlichkeit der Waage. Je größer $l$, je kleiner das Gewicht $G$ des Balkens oder der Schwerpunktsabstand $s$ ist, desto größer wird der Ausschlag für ein aufgelegtes Gewichtsstück. Für die Schwingungsdauer gilt:

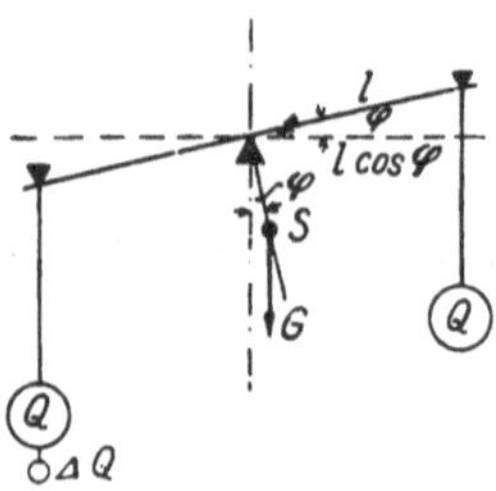


Abb. 33

$$T = 2\pi \sqrt{\frac{\Theta}{C}}\,,$$

wobei

$$\Theta = \Theta_B + 2 \frac{Q}{g} l^2 + \frac{\Delta Q}{g} l^2$$

ist.

Für kleine Winkel kann $\operatorname{tg}\varphi = \varphi$ gesetzt werden, es ist

$$\frac{\Delta Q}{\varphi} = \frac{G s}{l} = C \text{ (Richtmoment)}$$

und

$$T = 2\pi \sqrt{\frac{\Theta l}{G s}}\,,$$

d. h. die Schwingungsdauer und damit die Wägungsdauer ist proportional der Wurzel aus der Empfindlichkeit. Bei Waagen für chemische Zwecke beträgt diese etwa 10 sek.

### 317 Spiegelschwingungen in kommunizierenden Gefäßen

Zur Lösung der Aufgabe verwenden wir die Energiegleichung

$$E_p + E_k = E_0 = \text{konstant}.$$

Die in Abb. 34 schraffierten Wassermengen haben das gleiche Gewicht. Damit erhält man für $E_p = F_1\, x_1\, \gamma \dfrac{x_1 + x_2}{2}$ oder, da nach der Kontinuitätsgleichung $F_1 x_1 = F_2 x_2$ ist:

$$E_p = \frac{x_1^2}{2}\gamma \frac{F_1 + F_2}{F_2} F_1 .$$

Die kinetische Energie ist:

$$E_k = \tfrac{1}{2}(m_1 \dot{x}_1 + m_2 \dot{x}_2 + m_3 \dot{x}_3).$$

Mit den Massen

$$m_1 = F_1(h + x_1)\frac{\gamma}{g},$$

$$m_3 = F_2(h - x_2)\frac{\gamma}{g},$$

$$m_2 = f\, l \frac{\gamma}{g}$$

und

$$F_1 \dot{x}_1 = F_2 x_2 = f \dot{x}_3$$

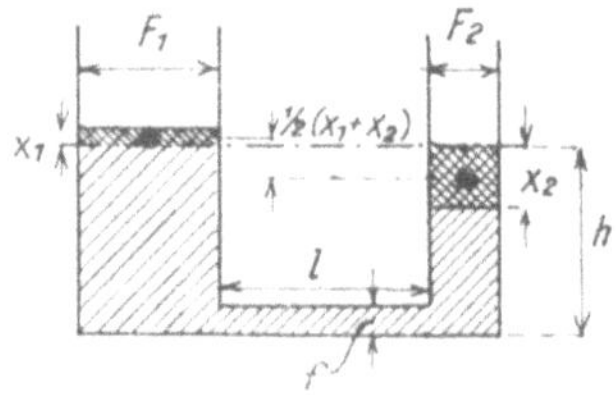

Abb. 34

erhält man schließlich:

$$E_k = \frac{\gamma}{2g}\dot{x}_1^2 F_1 \left[h\left(1 + \frac{F_1}{F_2}\right) + \frac{F_1}{f} l + x_1\left(1 - \frac{F_1^2}{F_2^2}\right)\right],$$

wobei für kleine Schwingungen das letzte Glied vernachlässigbar klein ist. Aus der Energiegleichung wird durch einmaliges Differenzieren die Kraftgleichung:

$$\ddot{x}_1^2 + \left[\frac{\left(1+\frac{F_1}{F_2}\right)g}{h\left(1+\frac{F_1}{F_2}\right)+\frac{F_1}{f}\,l}\right]x_1 = 0\,.$$

Der Klammerausdruck ist $\omega^2$, womit sich die Schwingungsdauer ergibt zu:

$$T = \frac{2\pi}{\sqrt{g}}\sqrt{h+\frac{\frac{F_1}{f}}{1+\frac{F_1}{F_2}}\,l}\,. \qquad (313)$$

Sonderfall 1: $F_1 = F_2$; $F_1 = f$;

$$T = 2\pi\sqrt{\frac{1}{g}\left(h+\frac{1}{2}\,l\right)} = 2\pi\sqrt{\frac{L}{2g}}\,. \qquad (314)$$

Die halbe mittlere Fadenlänge entspricht der Länge des mathematischen Pendels, wie bereits in 13 gezeigt wurde.

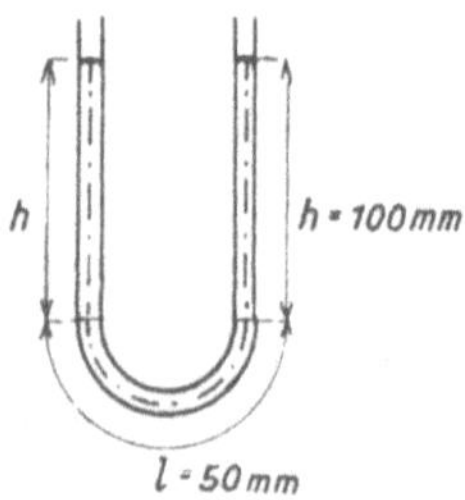


Abb. 35

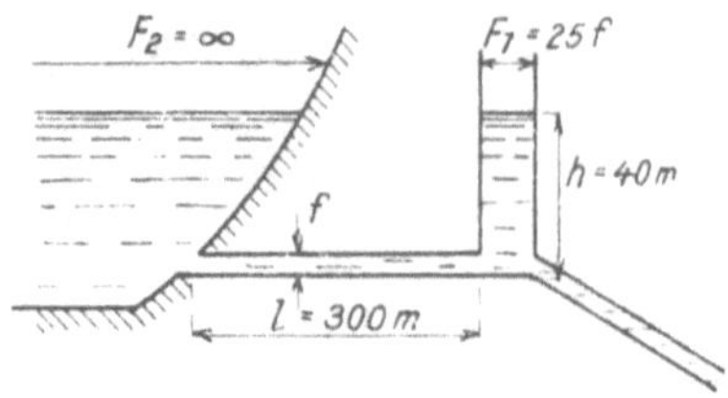


Abb. 36

Anwendung: U-Manometer (Abb. 35).

$$L = 100 + 100 + 50 \text{ mm},$$

$$T = 2\pi\sqrt{\frac{2\cdot 981}{250}} \doteq 0{,}708 \text{ s}.$$

Sonderfall 2: $F_2 = \infty$:

$$T = 2\pi \sqrt{\frac{1}{g}\left(h + \frac{F_1}{f}\, l\right)}. \tag{315}$$

Anwendung: Wasserschloß (Abb. 36).

$$T = 2\pi \sqrt{\frac{1}{g}\,(40 + 25 \cdot 300)} = 2\pi \sqrt{\frac{7540}{9{,}81}} = 174 \text{ s}.$$

Sonderfall 3: $F_1 = f$:

$$T = 2\pi \sqrt{\frac{1}{g}\left(h + \frac{1}{1 + \frac{F_1}{F_2}}\right) l}. \tag{316}$$

Anwendung: Gefäßmanometer (Abb. 37).

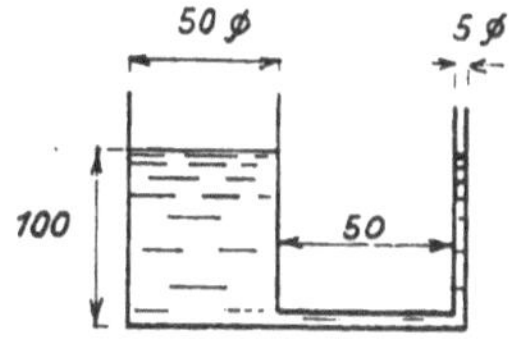

Abb. 37

$$F_2 = 100\, F_1; \qquad f = F_1,$$

$$T = 2\pi \sqrt{\frac{1}{g}\left(10 + \frac{1}{1 + 0{,}01} \cdot 5\right)} = 2\pi \sqrt{\frac{14{,}99}{981}} = 0{,}739 \text{ s}.$$

## 32 Schwingungssysteme unter Wirkung elastischer Kräfte

### 321 Systeme mit Längsschwingungen

#### 3211 Federpendel

Für diese Schwinger (Abb. 38 a u. b) ist:

$$T = 2\pi \sqrt{\frac{m}{c}}, \qquad \omega = \sqrt{\frac{c}{m}}.$$

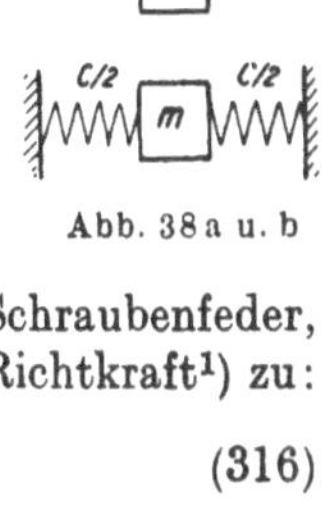

Abb. 38 a u. b

Bei Verwendung einer Schraubenfeder berechnet sich, z. B. für eine zylindrische Schraubenfeder, nach den Formeln der Festigkeitslehre die Richtkraft[1]) zu:

$$c = \frac{P}{d} = \frac{d^4 G}{64\, n\, r^3}, \tag{316}$$

[1]) $d = f$ der Formeln der Festigkeitslehre im Ausdruck $P/d$.

wenn $d$ die Drahtstärke, $r$ der Windungshalbmesser, $n$ die Windungszahl und $G$ der Gleitmodul ist.

Für einen elastischen Stab ist:

$$c = \frac{P}{d} = \frac{EF}{l}, \tag{317}$$

wenn $F$ der Querschnitt, $l$ die Länge des Stabes und $E$ der Elastizitätsmodul ist.

Mit der Durchfederung $d$ infolge der Belastung durch $Q$ wird:

$$\omega = \sqrt{\frac{g}{d}}\ \mathrm{s}^{-1} \quad \text{und} \quad n \cong 300\sqrt{\frac{1}{d}}\ \mathrm{min}^{-1}. \tag{318}$$

### 3212 Zusammengesetzte Federungen

a) Parallelschaltung (Abb. 39). Die Last $Q$ wird derart angebracht, daß jede Feder den gleichen Durchfederungsbetrag erfährt, dann ist nach der Gleichgewichtsbedingung $c_1 d + c_2 d = P = c_r d$, woraus sich die resultierende Federungskonstante $c_r$ ergibt zu:

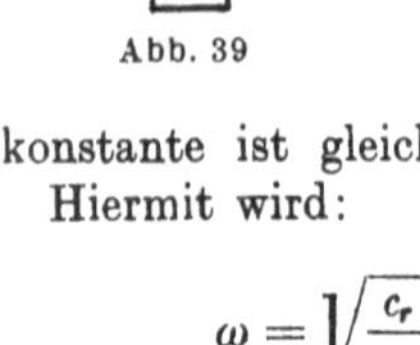

Abb. 39

$$c_r = c_1 + c_2 + \cdots = \sum c_i, \tag{319}$$

d. h. die resultierende Federungskonstante ist gleich der Summe der einzelnen.

Hiermit wird:

$$\omega = \sqrt{\frac{c_r}{m}} = \sqrt{\frac{c_1}{m} + \frac{c_2}{m} + \cdots}$$

$$\omega^2 = \frac{c_1}{m} + \frac{c_2}{m} + \cdots = \omega_1^2 + \omega_2^2 + \cdots \tag{320}$$

und ferner:

$$\omega^2 = \sum \omega_i^2.$$

b) Hintereinanderschaltung von Federn (Abb. 40). Die einzelnen Durchfederungen sind:

Abb. 40

$$d_1 = \frac{Q}{c_1} \quad \text{und} \quad d_2 = \frac{Q}{c_2}.$$

Mit der resultierenden Federungskonstanten $c_r$ wird:

$$d = d_1 + d_2.$$

Hiermit erhalten wir schließlich:

$$\frac{1}{c_r} = \frac{1}{c_1} + \frac{1}{c_2} + \cdots = \sum \frac{1}{c_i}, \qquad (321)$$

d. h. der Kehrwert der resultierenden Federkonstanten $c_r$ ist gleich der Summe der Kehrwerte der Federkonstanten der einzelnen Federn. Durch Multiplikation der Gleichung mit $m$ erhält man:

$$\frac{1}{\frac{c_r}{m}} = \frac{1}{\frac{c_1}{m}} + \frac{1}{\frac{c_2}{m}} + \cdots$$

und ferner:

$$\frac{1}{\omega^2} = \frac{1}{\omega_1^2} + \frac{1}{\omega_2^2} + \cdots \qquad (322)$$

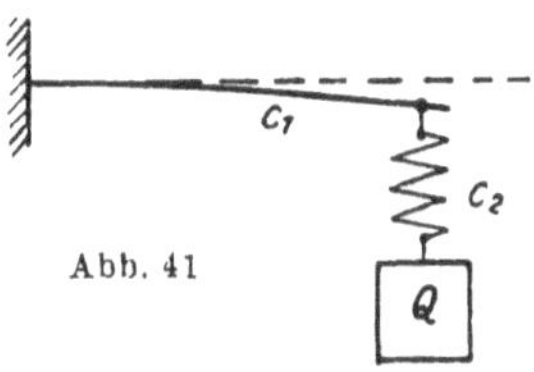

Abb. 41

schließlich:

$$\frac{1}{\omega^2} = \sum \frac{1}{\omega_i^2}.$$

An Stelle einer Schraubenfeder oder des elastischen Stabes kann auch eine Biegungsfeder treten (Abb. 41).

### 3213 Schwinger großer Schwingungsdauer

Ein Schwinger mit einer Schwingungsdauer von 10 sek ist zu berechnen.

Ein mathematisches Pendel müßte nach $T = 2\pi \sqrt{\frac{l}{g}}$ eine Länge von $l \sim 25$ m besitzen. Ein Federpendel mit einem Gewicht von 20 kg bedarf einer Feder mit der Konstanten $c \sim 8 \text{ g cm}^{-1}$, also eine derart weiche Feder, die sich durch das Gewicht von 20 kg allein um 25 m durchfedern würde. Zu lösen ist die Aufgabe nur mit einem astatischen Pendel, wie es in der Seismographentechnik verwendet wird (Abb. 42).

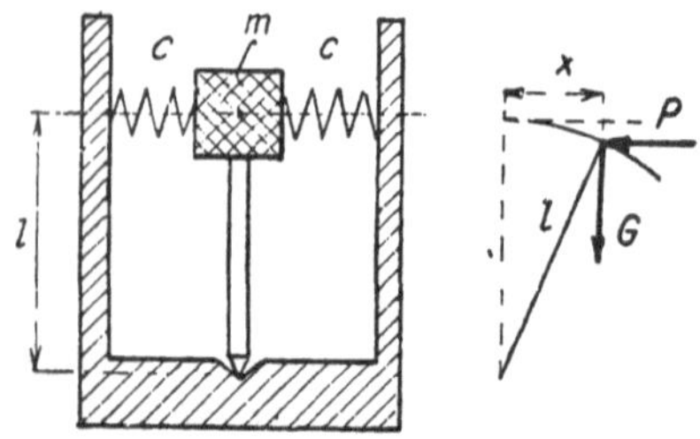


Abb. 42

Das Labilitätsmoment ergibt sich zu:

$$M_l = G\, l \sin\alpha = G\, x .$$

Um dieses Moment aufzuheben, ist eine Kraft $P = -\frac{G}{l}\, x$ erforderlich. Das Minuszeichen gibt an, daß die Kraft entgegen des Ausschlages $x$ wirkt. $\frac{P}{x} = -\frac{G}{l}$ ist die Federkonstante $c$, die allerdings negativ ist. In diesem indifferenten Gleichgewicht kann das Pendel nicht schwingen. Wie die Untersuchungen, auf die nicht näher eingegangen werden kann, zeigen, muß die Federkonstante für ein gefordertes $\omega$ $c = m\omega^2 + \frac{G}{l}$ sein. Mit $G = 20$ kg; $l = 50$ cm; $T = 10$ s, womit $\omega = 0{,}628$, ergibt sich eine Feder mit

$$c = \frac{20}{981}\, 0{,}628^2 + \frac{20}{50} = 0{,}408 \text{ kg cm}^{-1}.$$

Für die Federberechnung darf nach Lehr maximal 20 kg mm$^{-2}$ zugelassen werden.

### 3214 Schwinger hoher Frequenzen (Tonpilz)

Es soll ein Tonpilz (Reintöner) (Abb. 43) für den Kammerton $a' = 435$ Hz entworfen werden. Nach $\omega = 2\pi f$ wird $\omega = 2730$ s$^{-1}$ Ein kurzer Überschlag zeigt, daß die Elastizität eines Stahlrohres bzw. Stahlstabes verwendet werden kann. Die schwingende Masse soll 5 kg wiegen, der größte Schwingungsausschlag 0,25 mm betragen. Aus

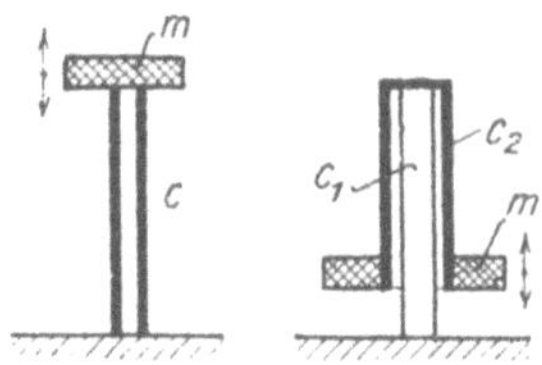


Abb. 43

$\omega = \sqrt{\frac{c}{m}}$ ergibt sich mit $m = 0{,}0051$ kg s$^2$ cm$^{-1}$ und $\omega = 2730$ s$^{-1}$

$$c = 2730^2 \cdot 0{,}0051 = 37000 \text{ kg cm}^{-1}.$$

Die Länge des Stabes müßte

$$l = \frac{\Delta l E}{\sigma_z} = \frac{0{,}025 \cdot 2{,}15 \cdot 10^6}{2000} = 26{,}9 \text{ cm}$$

betragen; der Stabquerschnitt

$$q = \frac{c\,l}{2{,}16 \cdot 10^6} = 0{,}46 \text{ cm}^2.$$

### 3215 Schwinger mit mehreren Massen

a) Zweimassensystem In Abb. 44a u. b ist ein Zweimassensystem schematisch wiedergegeben.

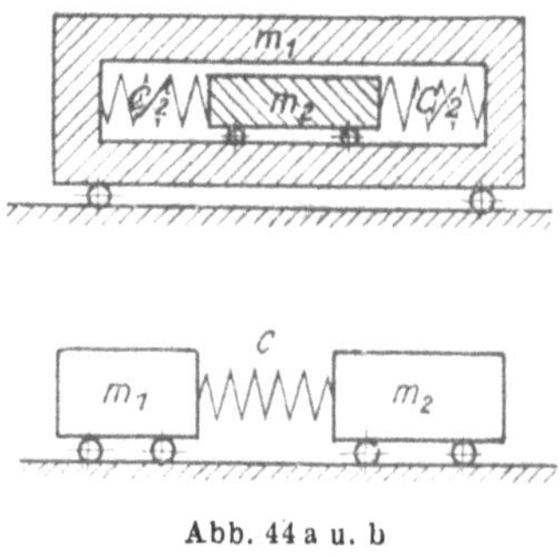


Abb. 44a u. b

Auf das Massensystem wirken folgende Kräfte (Abb. 45), die folgende Gleichungen liefern:

$$m_1 \ddot{x}_1 + c(x_1 - x_2) = 0, \quad m_2 \ddot{x}_2 - c(x_1 - x_2) = 0 \tag{323}$$

oder

$$m_1 \ddot{x}_1 + c\, x_1 - c\, x_2 = 0, \quad m_2 \ddot{x}_2 - c\, x_1 + c\, x_2 = 0. \tag{324}$$

Aus Gl. (324) erhalten wir:

$$x_2 = \frac{m_1}{c} \ddot{x}_1 + x_1,$$

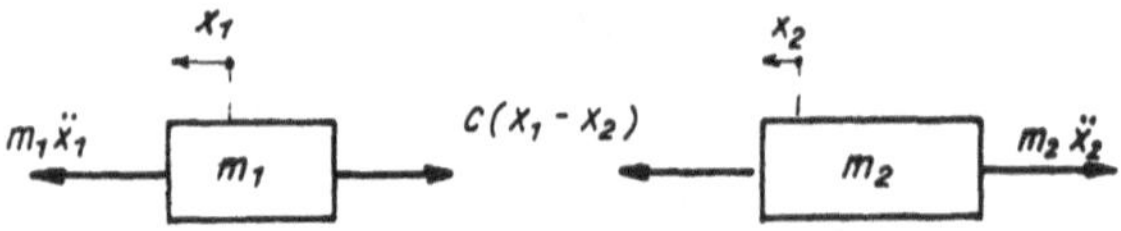


Abb. 45

nach zweimaliger Differentiation:

$$\dot{x}_2 = \frac{m_1}{c} \dddot{x}_1 + \dot{x}_1, \qquad \ddot{x}_2 = \frac{m_1}{c} \ddddot{x}_1 + \ddot{x}_1,$$

in Gl. (323) eingesetzt:

$$m_2 \left( \frac{m_1}{c} + \ddddot{x}_1 + \ddot{x}_1 \right) - c \left( x_1 - \frac{m_1}{c} \ddot{x}_1 - x_1 \right) = 0,$$

schließlich:

$$\ddddot{x}_1 + \frac{m_1 + m_2}{m_1 m_2} c\, \ddot{x}_1 = 0. \tag{325}$$

Wird zur Lösung $x_1 = a \sin \omega t$ gesetzt und viermal differenziert:

$$\dot{x}_1 = a\, \omega \cos \omega t,$$
$$\ddot{x}_1 = -a\, \omega^2 \sin \omega t = -x_1\, \omega^2,$$
$$\dddot{x}_1 = -a\, \omega^3 \cos \omega t,$$
$$\ddddot{x}_1 = a\, \omega^4 \sin \omega t = x_1\, \omega^4$$

und in Gl. (325) eingesetzt, so erhält man nach Division durch $\omega^2$:

$$\omega^2 - \frac{m_1 + m_2}{m_1 m_2} c = 0 \tag{326}$$

und hieraus:

$$\omega = \sqrt{\frac{m_1 + m_2}{m_1\, m_2}\, c} = \sqrt{\frac{c}{m_1} + \frac{c}{m_2}}, \qquad (327)$$

die Eigenkreisfrequenz, die mit $\frac{c}{m_1} = \omega_I^2$ und $\frac{c}{m_2} = \omega_{II}^2$ auch geschrieben werden kann $\omega^2 = \omega_I^2 + \omega_{II}^2$, worin also $\omega_I$ und $\omega_{II}$ die Eigenkreisfrequenzen der beiden Einzelmassen sind. Ein Schwinger mit zwei Massen besitzt eine Eigenfrequenz. Dies steht scheinbar im Widerspruch mit einer Eigenfrequenz beim Einmassensystem. Es wird:

$$\sqrt{\frac{c}{m_1} + \frac{c}{m_2}} = \sqrt{\frac{c}{m_1}},$$

wenn $m_2 = \infty$ ist; dies besagt, daß die Einspannstelle des Einmassenschwingers gleichbedeutend mit einer unendlich großen Masse ist.

Aus den Gl. (323) folgt durch Addition:

$$m_1\, \ddot{x}_1 = m_2\, \ddot{x}_2$$

und nach zweimaliger Integration:

$$m_1\, x_1 = m_2\, x_2,$$

d. h. die Schwingungsausschläge sind indirekt proportional den Massen, und ferner, daß es einen Federpunkt gibt, der in Ruhe bleibt, einen Knotenpunkt, der den Massenabstand im umgekehrten Verhältnis der Massen teilt.

b) Schwinger mit 3 Massen liefert folgendes Gleichungssystem:

$$\begin{aligned}
&m_1\, \ddot{x}_1 + c_{12}\, x_1 - c_{12}\, x_2 &&= 0, \\
&m_2\, \ddot{x}_2 - c_{12}\, x_1 + c_{12}\, x_2 + c_{23}\, x_2 - c_{23}\, x_2 &&= 0, \\
&m_2\, \ddot{x}_3 \qquad\qquad - c_{23}\, x_2 + c_{23}\, x_3 &&= 0.
\end{aligned}$$

mit dem Ergebnis:

$$\omega^4 - \left[\left(\frac{1}{m_1} + \frac{1}{m_2}\right) c_{12} + \left(\frac{1}{m_2} + \frac{1}{m_3}\right) c_{23}\right] \omega^2 + \\ + \left(\frac{1}{m_1 m_2} + \frac{1}{m_1 m_3} + \frac{1}{m_2 m_3}\right) c_{12} c_{23} = 0,$$

das mit $\omega^2 = z$ gesetzt auf eine quadratische Gleichung führt, die schließlich zwei positive Eigenkreisfrequenzen zu $\omega_1$ und $\omega_2$ liefert.

c) Schwinger mit $n$-Massen. Das Bildungsgesetz für die $n$-Massen führt auf eine Gleichungsform

$$a_{n-1}\,\omega^{2(n-1)} + a_{n-2}\,\omega^{2(n-2)} + \cdots a_1\,\omega^2 + a_0 = 0,$$

die nur graphisch zu lösen ist. Für $n$-Massen gibt es $(n - 1)$ Eigenkreisfrequenzen. Das Bildungsgesetz für die Koeffizienten ist von Holzer aufgestellt, es liefert rechnerisch unbequeme Ausdrücke. Graphische Verfahren von Gümbel, Geiger und insbesondere das analytische indirekte Verfahren von Tolle bringt die Ermittlung der Eigenkreisfrequenzen rechnerisch einfacher.

### 3216 Indirektes Verfahren

Es soll zunächst am Dreimassensystem (Abb. 46) gezeigt werden

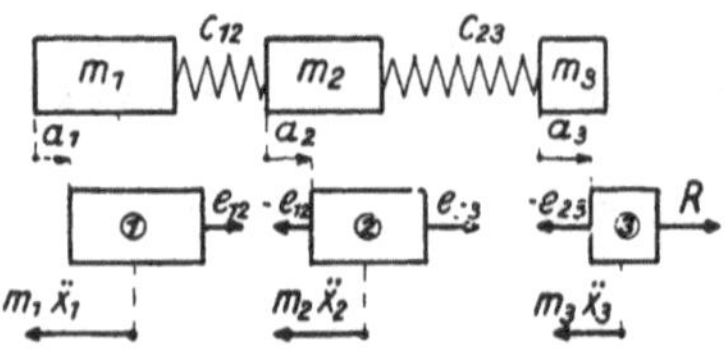


Abb. 46

Die Federverlängerung ist $\Delta l_{12} = a_2 - a_1$, die elastische Federkraft $e_{12} = c_{12}(a_2 - a_1)$.

Auf die zweite Masse wirken die elastischen Kräfte $e_{23} - e_{12}$ und die Massenkraft $m_2 \ddot{x}_2$.

Mit $x_2 = a_2 \sin \omega t$ erhält man $\ddot{x}_2 = -a_2 m_2 \omega^2$.

Es wird also für ein beliebiges $\omega$ und bekanntes $a_2$

$$e_{23} - e_{21} = -a_2 m_2 \omega^2,$$

$$e_{23} = e_{12} - a_2 m_2 \omega^2.$$

Aus $e_{23} = c_{23}(a_3 - a_2)$ berechnet sich:

$$a_3 = a_2 + \frac{e_{23}}{c_{23}}.$$

Mit dem nun errechneten Ausschlag $a_3$ kann die Rechnung in gleicher Weise für die dritte Masse durchgeführt werden usw.

Für $2 = i$ erhalten wir für die $i$-Masse die Gleichungen:

$$\left.\begin{array}{ll} e_{i,i+1} = e_{i-1,i} - a_i m_i \omega^2 & \text{dynamische} \\ a_{i+1} = a_i + \dfrac{e_{i,i+1}}{c_{i,i+1}} & \text{elastische} \end{array}\right\} \begin{array}{l}\text{Grund-} \\ \text{gleichung.}\end{array} \qquad (328)$$

Damit ergibt sich folgender Rechnungsgang für ein gewähltes $\omega$, wobei wir ferner $a_1 = 1$ setzen. Da sich links der Masse 1 keine Feder befindet und auch keine äußere Kraft wirkt, ist $e_{01} = 0$. Wir erhalten:

$$a_1 = 1,$$

$$e_{01} = 0,$$

$$e_{12} = a_1 - m_1 a_1 \omega^2 = -m_1 \omega^2;$$

$$a_2 = a_1 + \frac{e_{12}}{c_{12}} = 1 - \frac{m_1 \omega^2}{c_{12}},$$

$$e_{23} = e_{12} - m_2 a_2 \omega^2 \text{ usw.}$$

Die Rechnung selbst ist einfacher als die allgemeine Ableitung erkennen läßt, sie soll deshalb an einem Dreimassensystem gezeigt werden.

$$G_1 = 20\ \text{kg}, \qquad m_1 = \frac{20}{981} = 0{,}02039\ \text{kg}\ \text{s}^2\,\text{cm}^{-1},$$

$$G_2 = 60\ \text{kg}, \qquad m_2 = \frac{60}{981} = 0{,}06118\ \text{kg}\ \text{s}^2\,\text{cm}^{-1},$$

$$G_3 = 30\ \text{kg}, \qquad m_3 = \frac{30}{981} = 0{,}03059\ \text{kg}\ \text{s}^2\,\text{cm}^{-1},$$

$$c_{12} = 3{,}248\ \text{kg}\,\text{cm}^{-1},$$

$$c_{23} = 2{,}029\ \text{kg}\,\text{cm}^{-1}.$$

Gewählt sei: $\omega = 9\,\text{s}^{-1}$, $\omega^2 = 81\,\text{s}^{-2}$

$$a_1 = 1{,}000\ \text{cm},$$

$$e_{12} = e_{01} - m_1 a_1 \omega^2 = 0 - 0{,}02039 \cdot 1 \cdot 81 = -1{,}659\,\text{kg},$$

$$a_2 = a_1 + \frac{e_{12}}{c_{12}} = 1{,}000 - \frac{1{,}659}{3{,}248} = +0{,}4894\ \text{cm},$$

$$e_{23} = e_{12} - m_2 a_2 \omega^2$$

$$= -1{,}659 - 0{,}06118 \cdot 0{,}4894 \cdot 81 = -4{,}084\ \text{kg},$$

$$a_3 = a_2 + \frac{e_{23}}{c_{23}} = 0{,}4894 - \frac{4{,}084}{2{,}029} = -1{,}5246\ \text{cm},$$

$$e_{34} = e_{23} - m_3 a_3 \omega^2$$

$$= -4{,}084 - 0{,}03059\,(-1{,}5246)\,81 = -0{,}308\ \text{kg}.$$

Da eine Feder 34 nicht vorhanden ist, muß $e_{34} = -0{,}308$ als äußere Kraft angebracht werden, um das System im Gleichgewicht zu halten; $e_{34} = -0{,}308\ \text{kg} = R =$ Restkraft.

Noch einfacher wird die Durchrechnung mit folgendem Rechenschema[1]), wenn man zunächst die Werte $m_1\omega^2$; $m_2\omega^2$; $m_3\omega^2$ berechnet.

[1]) Man zeichnet zweckmäßig das Schema mit kräftigen Strichen auf, legt ein durchscheinendes Papier darauf und führt die Rechnung auf diesem für verschiedene $\omega$ aus.

$\omega = 9 \qquad \omega^2 = 81$

| *e* | | *c* | $m\omega^2$ | | *a* |
|---|---|---|---|---|---|
| | −1,659 | | −1,659 • | **+1,0000** | 1 |
| 12 | −1,659 | : 3,248 | | −0,5106 | |
| | −2,425 | | −4,955 • | +0,4894 | 2 |
| 23 | −4,084 | : 2,029 | | −2,0140 | |
| | +3,776 | | −2,477 • | −1,5246 | 3 |
| 34 | −0,308 | ***R*** | | | |

$$\frac{R}{\omega^2} = -0{,}00381$$

Die Durchrechnung für $\omega = 10$ liefert eine Restkraft $R = +1{,}05$ kg, woraus zu ersehen ist, daß zwischen $\omega = 9$ und $\omega = 10$ $R = 0$ wird, eine Eigenkreisfrequenz

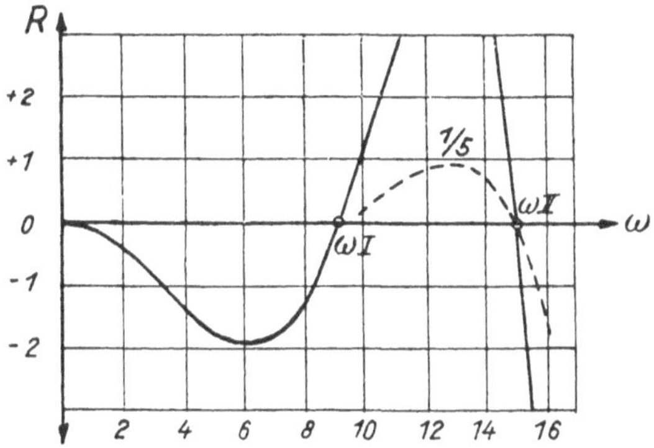


Abb. 47

vorhanden ist. Die zweite liegt zwischen 15 und 16. Trägt man die errechneten Restkräfte als Funktion von $\omega$ auf, so erhält man (Abb. 47) als Eigenfrequenzen $\omega_1 = 9{,}2$ und $\omega_2 = 15{,}2\ \mathrm{s}^{-1}$.

Um Maßstabsänderungen zu vermeiden, kann man zweckmäßiger $\frac{R}{\omega^2}$ als Funktion von $\omega$ auftragen[1]). Hierfür müssen wir noch untersuchen, welchen Wert $\frac{R}{\omega^2}$ für $\omega = 0$ annimmt. Die Weiterrechnung des allgemeinen Verfahrens führt nach Ordnen der Glieder auf eine Gleichung der Form:

$$R = -(m_1 + m_2 + m_3)\,\omega^2 + a\,\omega^4 + b\,\omega^6.$$

Es wird:

$$\frac{R}{\omega^2} = -(m_1 + m_2 + m_3) + a\,\omega^2 + b\,\omega^4$$

und

$$\lim_{\omega \to 0}\left(\frac{R}{\omega^2}\right) = -(m_1 + m_2 + m_3),$$

allgemein

$$\lim_{\omega \to 0}\left(\frac{R}{\omega^2}\right) = -\sum m_i\,.$$

Die $\frac{R}{\omega^2}$-Kurve ist in Abb. 48 wiedergegeben.

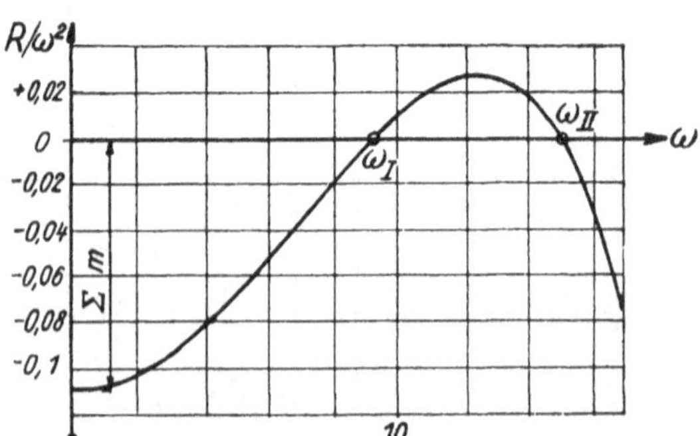


Abb. 48

Weitere Rechenschema finden sich in der Literatur. Tolle zeigte, daß bei einer Durchrechnung des Verfahrens

1) Vorschlag Tolle.

von beiden Massenenden aus (Vor- und Rückwärtsrechnung) bei Änderung von Massen und Federkonstanten das ganze Verfahren nicht nochmals durchzurechnen ist, sondern in einfacher Weise die dadurch hervorgerufenen Reständerungen ermittelt werden können; es ist ferner möglich, die Anlage unter Wirkung einer äußeren Kraft zu berechnen usw. Hierüber im zweiten Band bei den Torsionsschwingungen, für die das Verfahren aufgestellt wurde. Trotz der mannigfachen neuen Verfahren kann es auch heute noch für die praktische Durchführung als das Übersichtlichste und rechnerisch Einfachste bezeichnet werden.

### 3217 Systeme mit Übersetzungen im elastischen Teil

Zwischen den elastischen Gliedern und Massen sind Übersetzungen vorhanden, die eine Reduktion der Federkonstanten und der Massen erfordern.

Nach Abb. 49 besteht das System aus den beiden Massen $m_1$ und $m_2$, den elastischen Gliedern $c_1$ und $c_2$, die an einer masselosen Scheibe mit den Hebelarmen $r_1$ und $r_2$ angreifen.

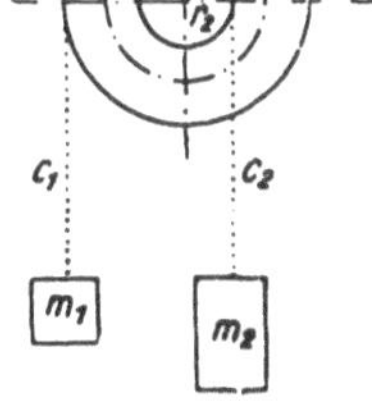

Abb. 49

Zur Umrechnung auf den gemeinsamen Hebelarm $r$ gehen wir von der Energiegleichung aus.

Zu einer bestimmten Zeit habe die Masse $m_1$ den Ausschlag $x_1$. Die Gesamtenergie, bestehend aus der potentiellen Energie $E_p$ und der kinetischen Energie $E_k$ ist:

$$E = E_p + E_k = \frac{1}{2} c_1 x_1^2 + \frac{1}{2} m_1 \frac{d^2 x_1}{d t^2} . \qquad (329)$$

Für die auf $r$ reduzierten Werte $m_1^*$ und $m_2^*$ lautet die Energiegleichung:

$$E^* = \frac{1}{2} c_1^* x_1^{*2} + \frac{1}{2} m_1^* \frac{d^2 x_1^*}{d t^2}$$

Die Summe der Energie beider Systeme bleibt nur konstant, wenn $E_p^* = E_p$ und $E_k^* = E_k$ ist. Hieraus folgt:

$$m_1^* \frac{d^2 x_1^*}{d t^2} = m_1 \frac{d^2 x_1}{d t^2},$$

$$c_1^* x_1^* = c_1 x_1$$

und wegen

$$x_1^* : x_1 = r : r_1,$$

$$m_1^* = \left(\frac{r_1}{r}\right)^2 m_1, \qquad c_1^* = \left(\frac{r_1}{r}\right)^2 c_1. \tag{330}$$

In gleicher Weise erhält man:

$$m_2^* = \left(\frac{r_2}{r}\right)^2 m_2, \qquad c_2^* = \left(\frac{r_2}{r}\right)^2 c_2.$$

Zweckmäßig wählt man zur Reduktion $r = 1$, oder man reduziert den einen Teil auf den anderen.

Für die Reduktion von 2 auf 1 wird $r = r_1$ und

$$\begin{aligned} m_1^* &= m_1, & c_1^* &= c_1, \\ m_2^* &= \left(\frac{r_2}{r_1}\right)^2 m_1, & c_2^* &= \left(\frac{r_2}{r_1}\right)^2 c_2 \end{aligned} \tag{331}$$

oder für 1 auf 2, mit $r = r_2$:

$$\begin{aligned} m_1^* &= \left(\frac{r_1}{r_2}\right)^2 m_1, & c_1^* &= \left(\frac{r_1}{r_2}\right)^2 c_1, \\ m_2^* &= m_2, & c_2^* &= c_2. \end{aligned} \tag{332}$$

In Worten ausgedrückt: Man reduziert 1 auf 2, indem man $m_1$ und $c_1$ mit dem Quadrat des Übersetzungsverhältnisses von 1 auf 2 multipliziert.

Hierfür kann man auch schreiben:

$$[m]_1^2 = \left(\frac{r_1}{r_2}\right)^2 m_1, \qquad [c]_1^2 = \left(\frac{r_1}{r_2}\right)^2 c_1, \tag{333}$$

wenn, wie bei den Grenzen der Integralen $[\ ]_1^2$ bedeutet 1 auf 2, das Quadrat von $r_1$ auf $r_2$, also $\left(\frac{r_1}{r_2}\right)^2$ ist.

### Beispiele.

1. Anordnung nach Abb. 50: Reduktion 1 auf 2:

$$[m_1]_1^2 = \left(\frac{r_1}{r_2}\right)^2 m_1, \quad [c_1]_1^2 = \left(\frac{r_1}{r_2}\right)^2 c_1, \quad [m_2]_2^2 = m_2, \quad [c_2]_2^2 = c_2 .$$

Das Ersatzsystem ist in der Abbildung eingezeichnet.

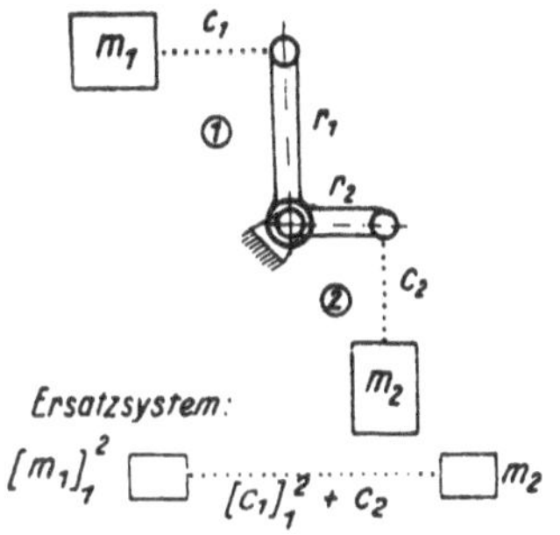


Abb. 50

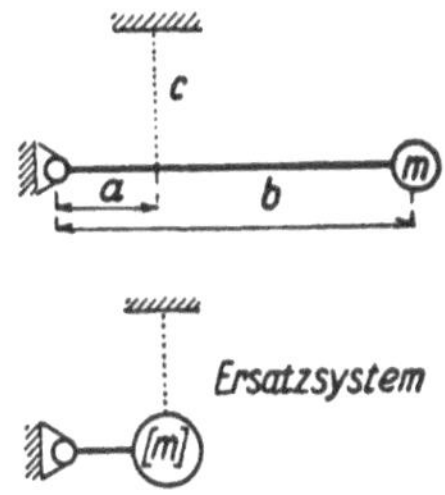


Abb. 51

2. Anordnung nach Abb. 51: Masse $m$ auf den Federangriffspunkt $A$ reduziert ergibt:

$$[m] = [m]_b^a = \left(\frac{b}{a}\right)^2 m$$

und die Schwingungsdauer:

$$T = 2\pi \sqrt{\frac{[m]}{c}} = 2\pi \sqrt{\frac{m b^2}{c a^2}}, \qquad T = 2\pi \sqrt{\frac{\Theta}{c a^2}},$$

da $m b^2 = \Theta$ das Massenträgheitsmoment ist.

Kann das Trägheitsmoment des Hebels gegen $\Theta$ nicht vernachlässigt werden, so ist für $\Theta$, $\Theta + \Theta_H$ zu setzen.

## 322 Systeme mit Querschwingungen (Biegungsschwingungen)

### 3221 Eingespannter Stab mit Endmasse

Ein masseloser Stab der Länge $l$ (Abb. 52) trage am Ende die Masse $m$.

Die Schwingungsdauer des Systems erhalten wir aus:

$$T = 2\pi \sqrt{\frac{m}{c}}\,.$$

Nach den Formeln der Festigkeitslehre ist die statische Durchfederung $d$ unter der Last $Q$:

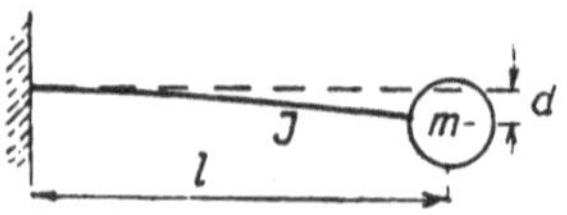

Abb. 52

$$d = \frac{Q}{EJ}\,\frac{l^3}{3}\,.$$

($E$: Elastizitätsmodul;
$J$: Trägheitsmoment.)

Hieraus ergibt sich:

$$c = \frac{3EJ}{l^3}\,. \qquad \textbf{(334)}$$

Der Ausdruck für die Schwingungsdauer lautet nun:

$$T = 2\pi \sqrt{\frac{m\,l^3}{3EJ}}\,. \qquad (335)$$

Für einen frei aufliegenden Stab, der in der Mitte die Masse $m$ trägt, erhält man aus:

$$d = \frac{Q}{EJ}\,\frac{l^3}{48}\,, \qquad c = \frac{48EJ}{l^3}\,,$$

und

$$T = 2\pi \sqrt{\frac{m\,l^3}{48EJ}}\,.$$

Analog berechnet sich $T$ für andere Belastungsfälle; es ist nur nötig, die statische Durchfederung zu bestimmen.

### 3222 Stab mit zwei Massen

Unter der Wirkung der Lasten $Q_1 = m_1 g$ und $Q_2 = m_2 g$ erfährt der masselose Stab eine Durchfederung. Wir nehmen nun an, daß diese statische Durchfederung um die Beträge $y_1$ und $y_2$ vergrößert werden, was durch Wirkung von Kräften $P_1$ und $P_2$ erreicht werden kann (Abb. 53).

Unter Verwendung der Einflußzahlen $\alpha$ ergeben sich zwischen Kraft und Durchbiegung folgende Beziehungen:

$$y_1 = \alpha_{11} P_1 + \alpha_{12} P_2, \qquad y_2 = \alpha_{22} P_2 + \alpha_{21} P_1.$$

Hierin bedeutet z. B. $\alpha_{12}$ die Durchfederung der Stelle 1 unter Wirkung der Kraft $P = 1$ an der Stelle 2. Nach dem Maxwellschen Vertauschungssatz ist $\alpha_{12} = \alpha_{21}$.

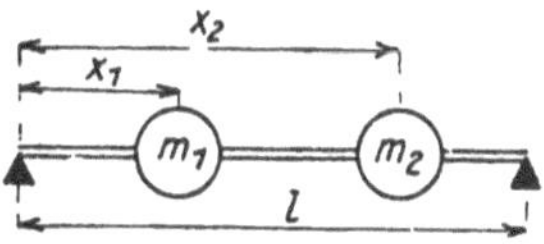


Abb. 53

Aus den Gleichungen folgt:

$$P_1 = \frac{\alpha_{22}}{\alpha_{11}\alpha_{22} - \alpha_{12}^2} y_1 - \frac{\alpha_{12}}{\alpha_{11}\alpha_{22} - \alpha_{12}^2} y_2,$$

$$P_2 = \frac{\alpha_{11}}{\alpha_{11}\alpha_{22} - \alpha_{12}^2} y_1 - \frac{\alpha_{12}}{\alpha_{11}\alpha_{22} - \alpha_{12}^2} y_2$$

oder, wenn wir für $\frac{1}{\alpha_{11}\alpha_{22} - \alpha_{12}^2} = \beta$ setzen:

$$P_1 = (\alpha_{22} y_1 - \alpha_{12} y_2)\beta, \qquad P_2 = (\alpha_{11} y_1 - \alpha_{12} y_2)\beta.$$

Für die zwei Massen erhalten wir folgende dynamischen Grundgleichungen:

$$\begin{aligned} m_1 \ddot{y}_1 + \alpha_{22} y_1 \beta - \alpha_{12} y_2 \beta &= 0, \\ m_2 \ddot{y}_2 + \alpha_{11} y_1 \beta - \alpha_{12} y_2 \beta &= 0, \end{aligned} \tag{336}$$

also zwei Gleichungen mit den beiden Unbekannten $y$ und $y_2$. Aus der ersten folgt:

$$y_2 = \frac{m_1}{\alpha_{12}\beta} \ddot{y}_1 + \frac{\alpha_{22}}{\alpha_{12}} y_1 = 0$$

und

$$\ddot{y}_2 = \frac{m_1}{\alpha_{12}\beta} \ddddot{y}_1 + \frac{\alpha_{22}}{\alpha_{12}} \ddot{y}_1 = 0.$$

In die zweite eingesetzt ergibt:

$$\frac{m_1 m_2}{\alpha_{12}\beta} \ddddot{y}_1 + \frac{\alpha_{22}}{\alpha_{12}} m_2 \ddot{y}_1 + \frac{\alpha_{11}}{\alpha_{22}} \ddot{y}_1 + \frac{\alpha_{11}\alpha_{22}}{\alpha_{12}} \beta y_1 - \alpha_{12} \beta y_1 = 0$$

und schließlich:

$$m_1 m_2 \ddddot{y_1} + \beta (m_1 \alpha_{11} + m_2 \alpha_{22}) \ddot{y}_1 + \beta y_1 = 0. \quad (337)$$

Zur Lösung bilden wir wieder $\ddot{y}_1$ und $\ddddot{y_1}$ aus $y = a e^{\omega t}$ und erhalten:

$$m_1 m_2 \omega^4 + \beta (m_1 \alpha_{11} + m_2 \alpha_{22}) \omega^2 + \beta = 0.$$

Mit $\omega^4 = \lambda^2$ führt die Gleichung zur Form:

$$\lambda^2 + p \lambda + q = 0, \quad (338)$$

deren Wurzel

$$\lambda_{12} = -\frac{p}{2} \pm \sqrt{\left(\frac{p}{2}\right)^2 - q}$$

und

$$\omega = \pm \sqrt{\lambda_{12}} \quad (339)$$

sind.

Wir erhalten vier Wurzeln, zwei mit positiven und zwei mit negativen Vorzeichen, aber mit gleichen Absolutwerten. Hieraus ergeben sich die beiden Schwingungsdauern zu:

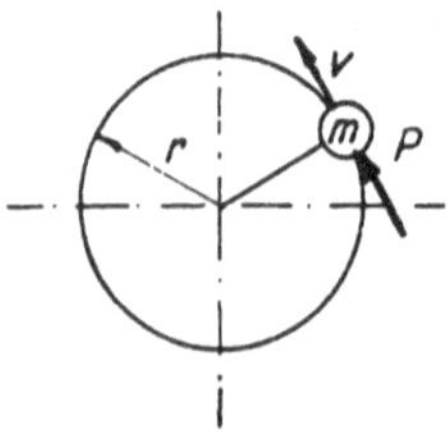


Abb. 54

$$T_1 = \frac{2\pi}{\lambda_1}, \qquad T_2 = \frac{2\pi}{\lambda_2}. \quad (340)$$

## 323 Systeme mit Drehschwingungen

### 3231 Schwingungsgleichung

Auf die im Radius $r$ angebrachte Masse $m$ (Abb. 54) wirke die Kraft $P$. Nach dem Newtonschen Grundgesetz ist

$$P = m b = m \dot{v} = m \ddot{s}.$$

Die Umfangsgeschwindigkeit ist $v = r \omega$, wenn $\omega$ die Winkelgeschwindigkeit ($s^{-1}$) ist. Damit wird mit $dv = r d\omega$

$$P = m r \dot{\omega},$$

und wenn die Gleichung mit $r$ multipliziert wird:

$$P\,r = m\,r^2\,\dot{\omega}.$$

Hierin ist $P\,r = M$ das Drehmoment, $m\,r^2 = \Theta$ das Massenträgheitsmoment, bezogen auf die Drehachse, $\dot{\omega} = \varepsilon$ die Winkelbeschleunigung. Für die rotierende Bewegung lautet damit das Newtonsche Grundgesetz:

Drehmoment = Trägheitsmoment × Winkelbeschleunigung.

Die Dimensionen sind:

$$M\colon \ \mathrm{kg\,m} \quad \text{oder} \quad \mathrm{kg\,cm},$$

$$\Theta\colon \ \mathrm{kg\,s^2\,m^{-1}} \cdot m^2 = \mathrm{kg\,m\,s^2} \quad \text{oder} \quad \mathrm{kg\,cm\,s^2},$$

$$\varepsilon\colon \ \frac{m}{m}\,\mathrm{s^{-2}} = \mathrm{s^{-2}},$$

zur Probe eingesetzt wird:

$$\mathrm{kg\,cm} = \mathrm{kg\,cm\,s^2} \cdot \mathrm{s^{-2}} = \mathrm{kg\,cm}$$

Bei der geradlinigen Schwingung war $c$ die Richtkraft mit der Dimension $\mathrm{kg\,cm^{-1}}$. Für die Drehschwingung führen wir das Richtmoment $C$ ein, also das Moment, das den Ausschlag 1 cm, gemessen auf dem Einheitskreis, hervorruft, das somit die Dimension kg cm besitzt. Damit wird die Eigenkreisfrequenz

$$\omega = \sqrt{\frac{C}{\Theta}} = \sqrt{\frac{\text{Richtmoment}}{\text{Massenträgheitsmoment}}}. \qquad (341)$$

Die Probe mit den Dimensionen ergibt:

$$\mathrm{s^{-1}} = \sqrt{\frac{\mathrm{kg\,cm}}{\mathrm{kg\,cm\,s^2}}} = \mathrm{s^{-1}}.$$

### 3232 Berechnung der Massenträgheitsmomente

Die Berechnung des Massenträgheitsmoments soll an einigen Beispielen gezeigt werden. Nach Abb. 55 ist:

$$d\Theta = dm\,x^2 \quad \text{und} \quad dm = f\,dx\,\frac{\gamma}{g} = f\,dx\,\varrho,$$

wenn $\gamma$ die Wichte und $\varrho$ die Dichte bezeichnet. Damit wird:

$$\Theta = \int_0^l dm\,x^2 = f\,\varrho \int_0^l x^2\,dx = f\,\varrho\,\frac{l^3}{3}$$

und nach Einführung der Masse $m$ des ganzen Stabes mit $m = f\,l\,\varrho$:

$$\Theta = m\,\frac{l^2}{3} = \frac{m}{3}\,l^2. \tag{342}$$

Der gleichförmig mit Masse belegte Stab kann ersetzt werden durch die reduzierte Masse $m_{\text{red}} = \frac{m}{3}$ im Abstand $l$ (Abb. 56) oder durch ein System mit der ganzen Stab-

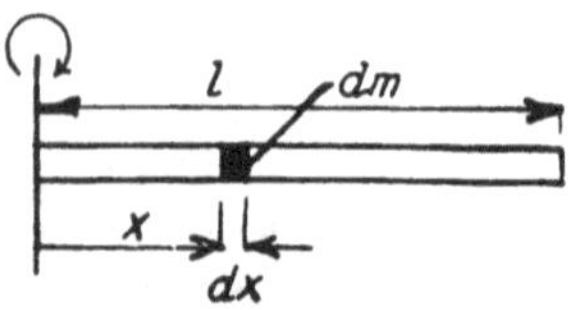


Abb. 55

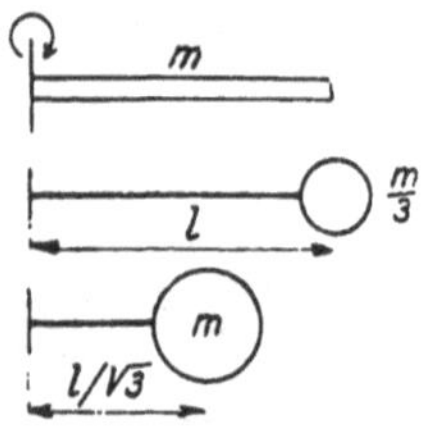


Abb. 56

masse $m$ im Abstand $k = \frac{l}{\sqrt{3}}$, dem Trägheitshalbmesser.

Befindet sich die Drehachse im Schwerpunkt des Stabes (Abb. 57), so berechnet sich das Massenträgheitsmoment nach

$$\Theta = \int_{-l/2}^{+l/2} dm\,x^2 = \frac{m}{12}\,l^2 \tag{343}$$

oder mit Hilfe des Steinerschen Satzes

$$\Theta_s = \Theta - m e^2,$$

wenn $e$ der Abstand der Achse $I$ von der Schwerachse ist, im obigen Falle $\frac{l}{2}$. Die Durchrechnung ergibt:

$$\Theta_s = \frac{m l^2}{3} - \frac{m l^2}{4} = \frac{m}{12} l^2.$$

Es darf hierbei nicht übersehen werden, daß der Steinersche Satz nur gilt für eine Schwerachse und eine dazu parallele Achse, also nicht für zwei beliebige parallele Achsen. Für das obige Beispiel (Abb. 58) ist die reduzierte Masse

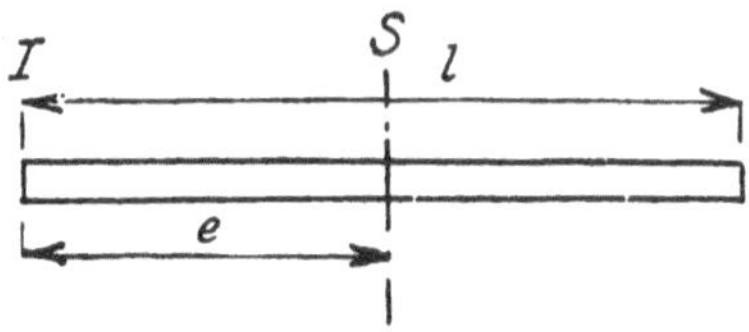

Abb. 57

$$m_{\text{red}} = \frac{m}{12}$$

am Hebelarm $\frac{l}{2}$ oder, da Massenträgheitsmomente auf die gleiche Achse bezogen addiert werden dürfen, zwei reduzierte Massen von $\frac{m}{24}$ an beiden Stabenden.

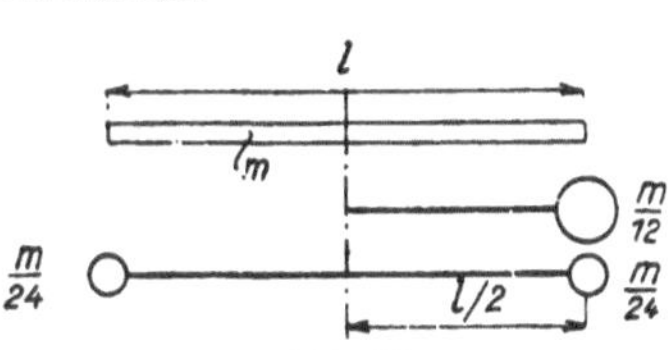

Abb. 58

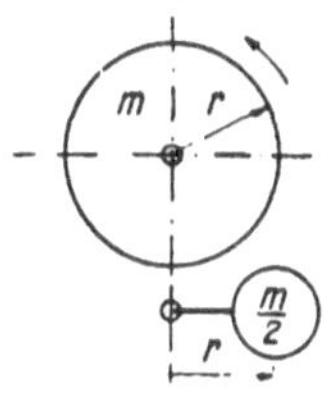

Abb. 59

In gleicher Weise errechnet sich für einen Zylinder (Abb. 59):

$$\Theta = \frac{m}{2} r^2 \tag{344}$$

$$m_{\text{red}} = \frac{m}{2}$$

für eine Kugel: $$\Theta = \tfrac{2}{5}\, m r^2 . \qquad (345)$$

Kann das Integral nicht oder nur durch umständliche Rechnung gelöst werden, so teilt man den Körper in $n$ endlich kleine Massenteilchen ein und bildet:

$$\Theta = \sum_1^n \Delta m_i \, r_i^2 ,$$

oder man bestimmt den Wert durch einen Schwingungsversuch.

### 3233 Mehrmassensysteme

Nachdem im vorigen Abschnitt der aus der Mechanik bekannte Zusammenhang zwischen der geradlinigen und Rotationsbewegung nochmals aufgezeigt wurde, der sich in folgender Tabelle zusammenstellen läßt:

| Translation | $x$ | $v$ | $b$ | $m$ | $P$ | $c$ |
|---|---|---|---|---|---|---|
| Rotation | $\varphi$ | $\omega$ | $\varepsilon$ | $\Theta$ | $M$ | $C$ |

erübrigt sich die Aufstellung der Gleichungen für die Torsionsschwingungen.

Auch das indirekte Verfahren ist ohne Schwierigkeiten anzuwenden, wenn:

für $c$ kg cm$^{-1}$: $C$ kg cm (Richtmoment),
$e$ kg cm: $E$ kg cm$^2$ (elastisches Moment)

gesetzt wird, wobei sich das Richtmoment berechnet für kreisförmigähnliche Querschnitte zu

$$C = \frac{G J_p}{l} , \qquad (346)$$

wenn $G$ der Gleitmodul (kg cm$^{-2}$), $J_p$ das polare Flächenträgheitsmoment (cm$^4$) und $l$ die Länge der Welle (cm) ist.

An Stelle der Restkraft $R$ (kg) erscheint das Restmoment (kg cm), das, besonders wenn die Dimension hinzugefügt wird, ebenfalls mit $R$ bezeichnet werden kann. Wir werden uns im zweiten Band der Technischen Schwingungslehre damit noch ausführlicher beschäftigen.

In technischen Anlagen befinden sich Übersetzungsgetriebe, deren Einfluß auf die Eigenfrequenzen behandelt werden soll.

### 3234 Reduktion von Schwingungssystemen

In Abb. 60 ist ein Zweimassensystem gezeigt $\Theta_1$, $\Theta_2$ mit $c_1$ und $c_2$ und einem Zahnradgetriebe $r_1$, $r_2$ mit den Massenträgheitsmomenten $\vartheta_1$ und $\vartheta_2$; $r_1 : r_2 = n_2 : n_1$.

Nach 3217 erfolgt die Reduktion von 1 auf 2, indem

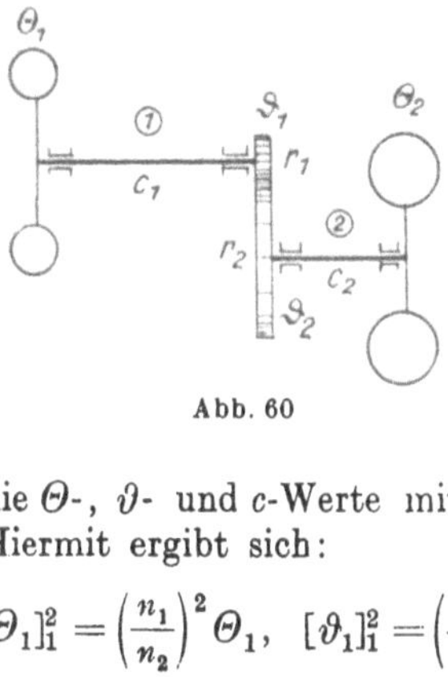

Abb. 60

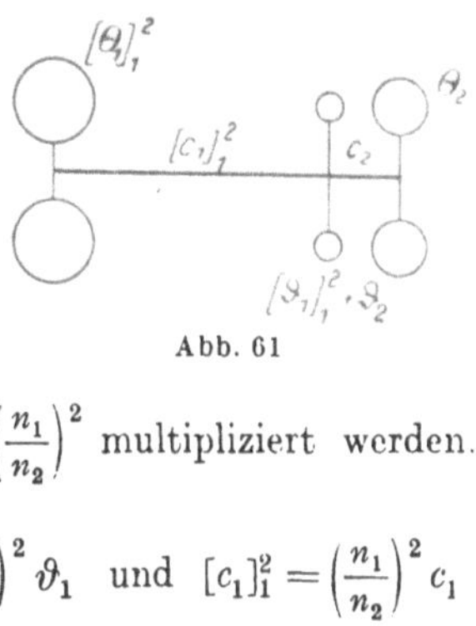

Abb. 61

die $\Theta$-, $\vartheta$- und $c$-Werte mit $\left(\frac{n_1}{n_2}\right)^2$ multipliziert werden. Hiermit ergibt sich:

$$[\Theta_1]_1^2 = \left(\frac{n_1}{n_2}\right)^2 \Theta_1, \quad [\vartheta_1]_1^2 = \left(\frac{n_1}{n_2}\right)^2 \vartheta_1 \quad \text{und} \quad [c_1]_1^2 = \left(\frac{n_1}{n_2}\right)^2 c_1$$

Das Ersatzsystem zeigt Abb. 61.

### 3235 Torsionspendel

Nach den Lehren der Festigkeitslehre ist die Verdrehung eines Stabes der Länge $l$ (Abb. 62)

$$\psi = \frac{M}{G J_p} l,$$

wenn $G$ der Gleitmodul (für Stahl 0,8—0,85 · $10^6$) und $J_p$ das polare Flächenträgheitsmoment ist. Damit ergibt sich das Richtmoment zu

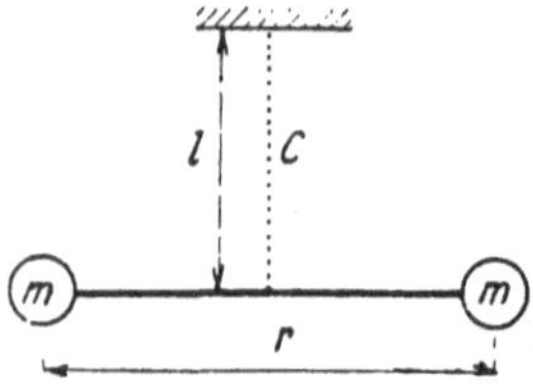

Abb. 62

$$C = \frac{M}{\psi} = \frac{G_p J}{l}. \qquad (347)$$

Das Massenträgheitsmoment $\Theta$ der beiden Massen ist:

$$\Theta = 2\,\frac{m}{2}\,\frac{l^2}{4} = \frac{m\,l^2}{4}.$$

Die Schwingungsdauer wird:

$$T = 2\pi\sqrt{\frac{\Theta}{C}} = 2\pi\sqrt{\frac{\Theta\,l}{G\,J_p}}. \qquad (348)$$

Anwendungen. Bestimmung von $\Theta$ aus der beobachteten Schwingungsdauer, wenn die rechnerische Ermittlung, wie z. B. bei einer Luftschraube, zu umständlich ist oder bei einwandfrei berechenbaren $\Theta$ zur Bestimmung des Gleitmoduls $G$ und damit der Poissonschen Querzahl

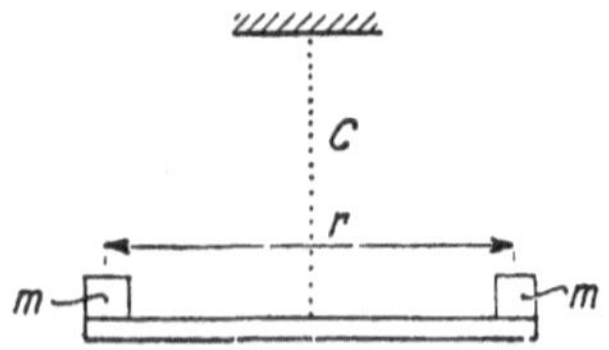

Abb. 63

$$\mu = \frac{1}{m} \text{ in } E = 2\,G(1+\mu).$$

Eine weitere Möglichkeit besteht nach Gauß darin, daß man bekannte (Abb. 63) Zusatzgewichte mit den Massen $m$ anbringt und die Schwingungsdauer $T_1$ und $T_2$ ohne und mit dieser Zusatzgewichte experimentell bestimmt. Im zweiten Fall ist

$$\Theta_2 = \Theta_1 + 2\,m\,r^2.$$

Wir erhalten mit dem noch unbekannten $\Theta_1$:

$$T_1 = 2\pi\sqrt{\frac{\Theta_1}{C}}, \qquad T_2 = 2\pi\sqrt{\frac{\Theta_2}{C}},$$

also

$$\frac{T_1}{T_2} = \sqrt{\frac{\Theta_1}{\Theta_2}} \quad \text{oder} \quad \frac{\Theta_1}{\Theta_2} = \left(\frac{T_1}{T_2}\right)^2 = \alpha^2$$

und für $\Theta_2 = \Theta_1 + 2\,mr^2$ eingesetzt:

$$\frac{\Theta_1}{\Theta_1 + 2\,m\,r^2} = \alpha^2,$$

nach $\Theta_1$ aufgelöst:

$$\Theta_1 = \Theta_1\,\alpha^2 + 2\,m\,r^2\,\alpha^2, \qquad \Theta_1(1 - \alpha^2) = 2\,m\,r^2\,\alpha^2$$

schließlich:

$$\Theta_1 = 2\,m\,r^2\,\frac{\alpha_2}{1 - \alpha^2},$$

und wenn für $\alpha$ das Schwingungsdauerverhältnis wieder eingesetzt wird

$$\Theta_1 = 2\,m\,r^2\,\frac{T_1^2}{T_2^2 - T_1^2}. \tag{349}$$

Da der genaue Wert des Gleitmoduls meistens nicht bekannt ist, führt die Anwendung des Schweredrehpendels zu einem praktisch einwandfreierem Ergebnis.

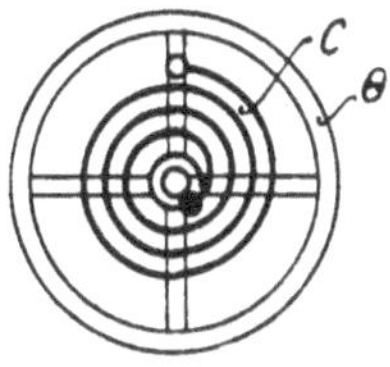

Abb. 64

### 3236 Unruhe einer Ankeruhr

Für die Spiralfeder (Abb. 64) ergibt sich nach den Ableitungen der Festigkeitslehre

$$C = \frac{M}{\psi} = \frac{EJ}{l}$$

mit $l$ für die gestreckte Länge der Feder und dem Flächenträgheitsmoment der Feder $J = \frac{b\,h^3}{12}$. Die Schwingungsdauer errechnet sich zu:

$$T = 2\pi\sqrt{\frac{\Theta}{C}} = 2\pi\sqrt{\frac{\Theta\,l}{EJ}}. \tag{350}$$

Kleine Änderungen von $l$ um $\Delta l$ bewirken $\Delta T$, die sich nach $\frac{\Delta T}{\Delta l} \sim \frac{d T}{d l}$ berechnen zu $\frac{\Delta T}{T} = \frac{1}{2} \frac{\Delta l}{l}$. Mit $\frac{\Delta l}{l} = \pm 0{,}001$ oder $\pm 0{,}1\,\%$ Änderung der Federlänge ergibt dies $\frac{\Delta T}{T} = \pm 0{,}05\,\%$, das sind in 24 Stunden $= 86400$ sek: $\pm 43{,}2$ sek, also rund $\pm \frac{3}{4}$ Minuten.

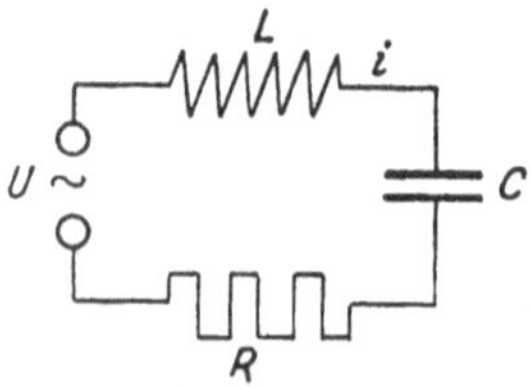

Abb. 65

## 33 Elektrische Schwingungen

Nach Abb. 65 ist ein Stromkreis mit Ohmschen Widerstand $R$ (Ohm), Selbstinduktion $L$ (Henry) und Kapazität $C$ (Farad) in Reihenschaltung an eine Spannung $U = U_0 \sin \Omega t$ [1]) angeschlossen. Es besteht die bekannte Beziehung:

$$L \frac{d i}{d t} + R i + \frac{1}{C} \int i \, d t = U = U_0 \sin \Omega t. \quad (351)$$

Nach Differentiation zur Beseitigung des Integrals $\int i \, d t = E$ (Ladung in Coulomb) erhält man:

$$L \frac{d i^2}{d t^2} + R \frac{d i}{d t} + \frac{i}{C} = \Omega U_0 \cos \Omega t = \Omega U_0 e^{j \Omega t}. \quad (350)\,^{2)}$$

Die Lösung mit $i = i_0 e^{j(\Omega t - \varphi)}$ ergibt:

$$\frac{1}{C} - \Omega^2 L + j \Omega R = \Omega \frac{U_0}{i_0} e^{j \varphi}$$

und nach Umformung mit $\omega^2 = \frac{1}{C L}$ und $\frac{U_0}{\Omega L} = i_L$, der Stromstärke bei Vorhandensein lediglich der Selbst-

[1]) $\Omega$ ist Kreisfrequenz der erregenden Spannung, in der Elektrotechnik mit $\omega$ bezeichnet.

[2]) $j = \sqrt{-1}$.

induktion $L$:

$$\left(1-\frac{\Omega^2}{\omega^2}\right)+j\frac{\Omega}{\omega}\,\frac{R}{\omega L}=\frac{\Omega^2}{\omega^2}\,\frac{i_L}{i_0}\,e^{j\varphi},$$

schließlich mit den weiteren Abkürzungen

$$\frac{\Omega}{\omega}=\beta,\qquad \frac{R}{\omega L}=2D\quad\text{und}\quad \frac{i_L}{i_s}=\frac{1}{V},$$

$$(1-\beta^2)+j\,2\beta D=\beta^2\frac{1}{V}\,e^{j\varphi}, \tag{352}$$

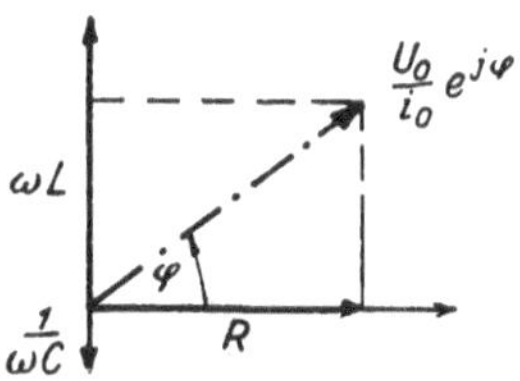

Abb. 66

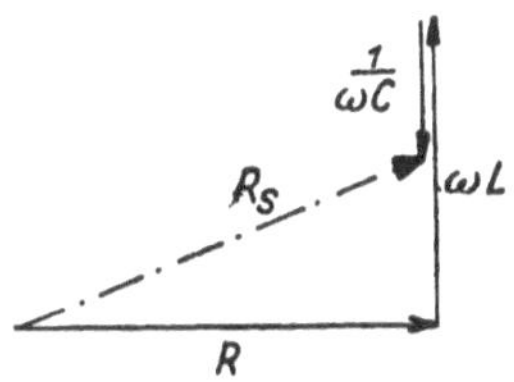

Abb. 67

die bekannte Beziehung für den Antrieb mit Massenkräften (222). Aus der Zwischenlösung

$$\frac{1}{C}-\Omega^2 L+j\Omega L=\Omega\frac{U_0}{i_0}\,e^{j\varphi}$$

erhalten wir nach Division mit $\Omega$:

$$\frac{1}{\Omega C}-\Omega L+jR=\frac{U_0}{i_0}\,e^{j\varphi}=R_s\,e^{j\varphi}$$

und damit nach Abb. 66 den reduzierten Widerstand:

$$R_s^2=R^2+\left(\omega L-\frac{1}{\omega C}\right)^2,$$

der auch nach Abb. 67 dargestellt werden kann.

Für die dämpfungsfreie Schwingung $D=0$; $R=0$ wird $\omega=\sqrt{\frac{1}{LC}}$, und hieraus ergibt sich $T=2\pi\sqrt{CL}$, die Schwingungsdauer elektrischer Kreise (Thomsonsche Formel).

## 34 Gegenüberstellungen der mechanischen und elektrischen Schwingungen

Aus den Betrachtungen des vorigen Abschnittes ergeben sich folgende Analogiewerte:

| mechanisch | $m$ | $c$ | $r$ | $v$ | $\omega^2 = \frac{c}{m}$ | $D = \frac{r}{2 m \omega}$ |
|---|---|---|---|---|---|---|
| elektrisch | $L$ | $\frac{1}{C}$ | $R$ | $i$ | $\omega^2 = \frac{1}{LC}$ | $D = \frac{R}{2 \omega L}$ |

Der Parallelschaltung bei mechanischen Schwingungen entspricht die Hintereinanderschaltung (Reihenschaltung) bei elektrischen, und umgekehrt.

Im Abschnitt 5 (Anhang) sind hierfür die symbolischen Berechnungsformeln angegeben. Die Analogie beider Schwingungsformen leistet wertvolle Dienste bei komplizierten Schwingungssystemen. In verschiedenen Fällen können die Vorgänge an Modellversuchen studiert werden, leider nicht immer, da meß- und versuchstechnische Schwierigkeiten dies erschweren bzw. unmöglich machen. Dies soll an einem weiteren Beispiel gezeigt werden.

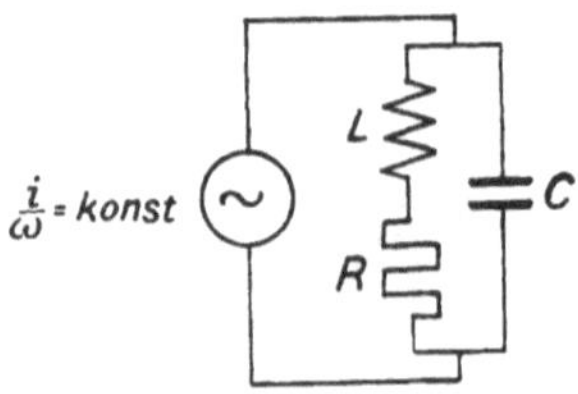

Abb. 68

Der in 2212 behandelte direkte Federkraftantrieb (Abb. 10) führt auf die in Abb. 68 wiedergegebene elektrische Analogieschaltung.

Auf die Feder wirkt die Schubstangenkraft $c r \cos \Omega t = K_0$ und infolge der Auslenkung aus der Ruhelage die Kraft $c x$. Damit kann die Schwingungsgleichung auch in der Form

$$m \ddot{x} + r \dot{x} + c [x - r \cos \Omega t] = 0$$

geschrieben werden.

Führt man für $\dot{x} = v_m$ die Geschwindigkeit der Masse $m$ ein, womit $x = \int v_m\,dt$ wird, und setzt für $r = -\frac{v_0}{\omega}$, so geht diese über in

$$m\dot{v}_m + r v_m + c\int v_m\,dt = -c\frac{v_0}{\omega}\cos\Omega t.$$

Da zwischen den beiden Stromzweigen die gleiche Spannung herrschen muß, wird mit dem aufgezwungenen Strom $i = i_0 \sin\Omega t$

$$L\frac{di_L}{dt} + R i_L = -\frac{1}{C}\frac{i_0}{\Omega}\cos\Omega t - \frac{1}{C} i_L\,dt,$$

schließlich:

$$L\frac{di_L}{dt} + R i_L + \frac{1}{C}\int i_L\,dt = -\frac{1}{C}\frac{i_0}{\Omega}\cos\Omega t.$$

Der Geschwindigkeit $v_m$ entspricht der Zweigstrom $i_L$ der Selbstinduktion; der Generator müßte also derart geregelt werden, daß $\frac{i_0}{\Omega}$ = konstant wäre. Dies ist jedoch schwer durchführbar, so daß in diesem Falle der elektrische Modellversuch aus praktischen Gründen ungeeignet ist.

Das Beispiel zeigt weiter, daß in der mechanischen Anordnung:

a) Masse, Dämpfung } parallel (gleiches $v$),

b) Federung mit Gruppe a) in Reihe geschaltet ist.

In der elektrischen Anordnung:

a) $L$, $R$ } in Reihe (gleiches $i$),

b) $C$ mit Gruppe a) parallel.

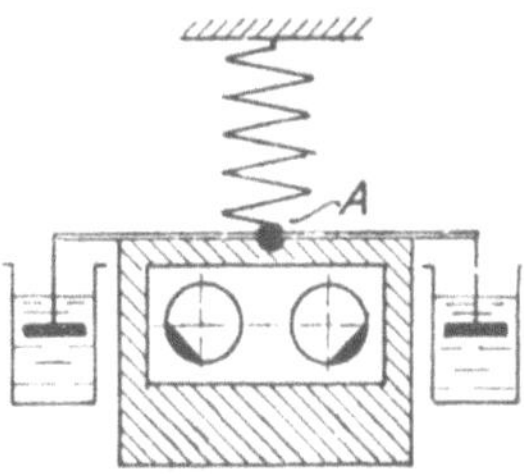


Abb. 69

Für die Parallelschaltung: Masse, Feder, Dämpfung in der Anordnung (Abb. 15, 16) entsprechend der Reihenschaltung $LCR$ (Abb. 65) ist es vielleicht zweckmäßiger, die Schemaskizze (Abb. 69) zu wählen, aus der klarer zu erkennen ist, daß der Punkt $A$ gemeinsam für alle drei Glieder die gleiche Geschwindigkeit besitzt, entsprechend der gleichen Stromstärke in den drei Widerständen.

Weitere Analogieschaltungen sind in der Literatur [4]u.[9] ausführlich behandelt.

# 4 Schwingungen elastischer Stoffe

## 41 Schwingungsgleichung

Ein Massenteilchen in einem homogenen, deformierbaren Stoff werde aus seiner Ruhelage gebracht. Die Störung pflanzt sich strahlenförmig mit der Ausbreitungsgeschwindigkeit $c$ fort, derart, daß auf Kugelschalen um die Störungsquelle gleiche Zustände herrschen. Bei stabförmigen Stoffen mit geringem Querschnitt zur Länge können die Kugelflächen als ebene Fläche betrachtet werden.

Je nach der Schwingung des Teilchens quer oder längs zur Ausbreitungsgeschwindigkeit spricht man von transversalen oder longitudinalen Wellen.

Jeder periodische Vorgang kann durch eine Summe von Sinus- oder Cosinusfunktionen dargestellt werden; wir betrachten deshalb eine harmonische Störungsursache. Da $x = c\,t$ ist, können wir die Lage des schwingenden Teilchens (Abb. 70) durch die Zeit $\frac{x}{c}$ ausdrücken und mit der Amplitude $\xi_0$ schreiben:

$$\xi = \xi_0 \sin\omega\left(t - \frac{x}{c}\right). \tag{401}$$

Zwei Ausschwingungen $\xi_1$ und $\xi_2$ sind nach Größe und Richtung einander gleich, wenn

$$\omega\left(t - \frac{x_1}{c}\right) - \omega\left(t - \frac{x_2}{c}\right) = 2\pi$$

ist, woraus sich ergibt:

$$x_2 - x_1 = \frac{2\pi c}{\omega} = \frac{c}{f} = \lambda,$$

also gleich der Wellenlänge, für die wir zusammenfassend schreiben können

$$\lambda = \frac{c}{f} = \frac{2\pi c}{\omega} = c\,T, \tag{402}$$

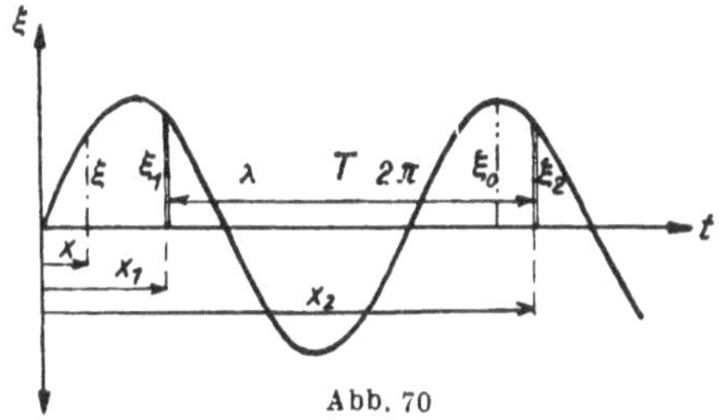


Abb. 70

wenn $T$ die Schwingungsdauer (sek), $f$ die Frequenz (Hz), $\omega$ die Kreisfrequenz und $c$ die Ausbreitungsgeschwindigkeit ist.

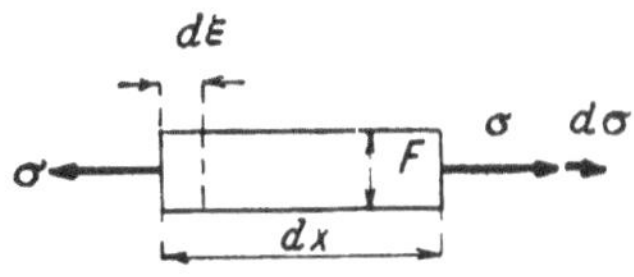


Abb. 71

Ein Massenteilchen $d\,x$ (Abb. 71) mit der Masse

$$dm = F\,d\,x\,\frac{\gamma}{g} = F\,d\,x\,\varrho$$

wird durch die Störung beschleunigt und dessen Länge um $\partial\xi$ verändert. Auf das Teilchen wirken:

1. die Trägheitskraft: $K = m\,b = F\,\varrho\,d\,x\,\frac{\partial\xi}{\partial t}$,
2. die elastische Kraft: $K = d\sigma\,F$.

Da $\sigma = \frac{\partial\xi}{d\,x}E$, wobei $E$ der Elastizitätsmodul des Stoffes ($\mathrm{kg\,cm^{-2}}$) ist, wird $\frac{d\sigma}{d\,x} = \frac{\partial^2\xi}{\partial t^2}E$ und damit:

$$K = \frac{\partial^2\xi}{\partial t^2}\,d\,x\,E\,F$$

Beide Kräfte halten sich das Gleichgewicht, wenn keine äußeren Kräfte wirken. Damit erhalten wir die Schwingungsgleichung:

$$\frac{\partial^2 \xi}{\partial x^2} \frac{E}{\varrho} = \frac{\partial^2 \xi}{\partial t^2} . \tag{403}$$

Zur Lösung setzen wir

$$\xi = \xi_0 \sin \left(\omega t - \frac{\omega x}{c}\right)$$

und erhalten nach zweimaliger Differentiation nach $x$ und $t$:

$$\frac{\partial^2 \xi}{\partial x^2} = \frac{\omega^2}{c^2} \sin \left(\omega t - \frac{\omega x}{c}\right),$$

$$\frac{\partial^2 \xi}{d t^2} = - \omega^2 \sin \left(\omega t - \frac{\omega x}{c}\right)$$

und nach Einsetzen in die Schwingungsgleichung

$$- \frac{\omega^2}{c^2} \sin \left(\omega t - \frac{\omega x}{c}\right) \frac{E}{\varrho} = - \omega^2 \sin \left(\omega t - \frac{\omega x}{c}\right)$$

schließlich:

$$c = \sqrt{\frac{E}{c}} = \sqrt{\frac{\text{Elastizitätsmodul}}{\text{Dichte}}} \tag{404}$$

die Ausbreitungsgeschwindigkeit in cm $s^{-1}$ (Newtonsche Gleichung).

Zum gleichen Ergebnis kommen wir, wenn allgemein

$$\xi = f\left(t - \frac{x}{c}\right)$$

gesetzt wird.

Zur weiteren Untersuchung benutzen wir die etwas umgeformte Gleichung

$$\xi = \xi_0 \left(\sin \omega t \cos \frac{\omega x}{c} - \cos \omega t \sin \frac{\omega x}{c}\right) \tag{405}$$

und

$$\frac{\partial \xi}{\partial x} = - \frac{\omega}{c} \xi_0 \left[\sin \omega t \sin \frac{\omega x}{c} + \cos \omega t \sin \frac{\omega x}{c}\right] . \tag{406}$$

Für eine Säule des elastischen Stoffes der Länge $l$ kommen folgende Randbedingungen in Betracht:

a) Beide Enden in Ruhe (Schwingungsknoten): Ausschlag: $\xi = 0$ für $x = 0$ und $x = l$.

Aus Gl. (405) erhalten wir

$$\xi = \xi_0 \sin \omega t,$$

wenn $t = 0$ und damit

$$\xi = \xi_0 \sin \frac{\omega l}{c} = 0,$$

für

$$\frac{\omega l}{c} = n\pi, \qquad \omega = 2\pi f = \frac{\pi n}{l} c,$$

und

$$f_n = \frac{n}{2l}\sqrt{\frac{E}{\varrho}} \tag{407}$$

$$f_1 = \frac{1}{2l}\sqrt{\frac{E}{\varrho}} \quad \text{1. Eigenfrequenz; Grundschwingung,}$$

$$f_2 = \frac{1}{l}\sqrt{\frac{E}{\varrho}} \quad \text{2. Eigenfrequenz; 1. Oberschwingung,} \tag{408}$$

$$f_3 = \frac{3}{2l}\sqrt{\frac{E}{\varrho}} \quad \text{3. Eigenfrequenz; 2. Oberschwingung}$$

usw., also

$$f_1 : f_2 : f_3 : \cdots = 1 : 2 : 3 : \ldots \tag{409}$$

b) Beide Enden frei (Schwingungsbauch):

Geschwindigkeit: $\frac{\partial \xi}{\partial t} = 0$ für $x = 0$ und $x = l$ mit dem gleichen Ergebnis:

$$f_n = \frac{n}{2l}\sqrt{\frac{E}{\varrho}}. \tag{410}$$

c) Ein Stabende fest, zweites frei (Knoten und Bauch):

$$\xi = 0 \quad \text{für} \quad x = 0,$$

$$\frac{\partial \xi}{\partial t} = 0 \quad \text{für} \quad x = l,$$

mit dem Ergebnis:

$$\frac{\omega l}{c} = \frac{\pi}{2}; \quad \frac{3\pi}{2}; \quad \frac{5\pi}{2} \ldots \frac{2n-1}{2}$$

und schließlich:

$$f_n = \frac{2n-1}{4l}\sqrt{\frac{E}{\varrho}}, \tag{411}$$

$$f_1 = \frac{1}{4l}\sqrt{\frac{E}{\varrho}}, \quad f_2 = \frac{3}{4l}\sqrt{\frac{E}{\varrho}} \tag{412}$$

usw., also

$$f_1 : f_2 : f_3 : \ldots = 1 : 3 : 5 : \ldots \tag{413}$$

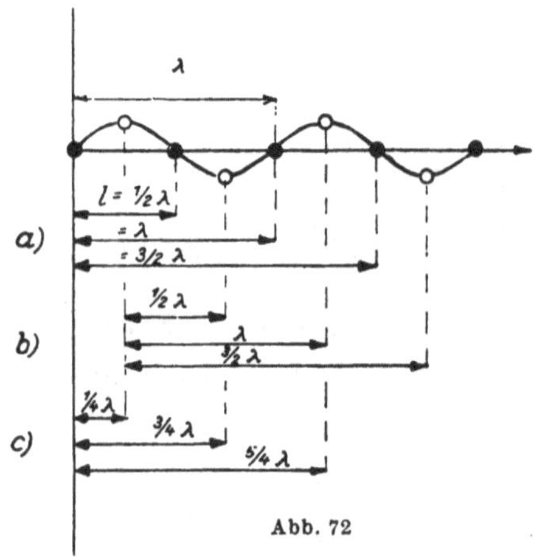


Abb. 72

In Abb. 72 sind die verschiedenen Schwingungsformen für die drei Fälle wiedergegeben; es ist nur notwendig, sich diese auf die Stablänge der ersten Eigenschwingung verkleinert vorzustellen.

Nach diesen theoretischen Betrachtungen können wir uns den einzelnen Schwingungen zuwenden, die sämtlich auf diese Schwingungsgleichung zurückzuführen sind.

## 42 Längsschwingungen

### 421 Elastische Stäbe

$$c = \sqrt{\frac{E}{\varrho}} = \sqrt{\frac{\text{Elastizitätsmodul}}{\text{Dichte}}}\ \text{cm s}^{-1} \qquad (414)$$

im Bereich der Gültigkeit des Hookschen Gesetzes.

Für Stahl mit

$$E = 2{,}15 \cdot 10^6\ \text{kg cm}^2 \qquad \gamma = 7{,}85\ \text{g cm}^{-3}$$

wird

$$\varrho = \frac{\gamma}{g} = \frac{7{,}85}{9{,}81} 10^{-5} = 0{,}80 \cdot 10^{-5}\ \text{kg s}^2\ \text{cm}^{-4}$$

und

$$c = \sqrt{\frac{E}{\varrho}} = \sqrt{26{,}9 \cdot 10^{10}} = 10^5 \sqrt{26{,}9} = 5{,}19 \cdot 10^5\ \text{cm s}^{-1},$$

$$c = 5200\ \text{m s}^{-1}.$$

### 422 Flüssigkeitssäulen

Für $E$ ist der Kompressionsmodul $M = \frac{1}{k}$ zu setzen, wenn $k = -\frac{1}{V}\frac{dV}{dp}$ die Kompressibilität ist. Damit wird:

$$c = \sqrt{\frac{M}{\varrho}} = \sqrt{\frac{\text{Kompressionsmodul}}{\text{Dichte}}} = \sqrt{\frac{1}{k\varrho}}\ \text{cm s}^{-1}. \qquad (415)$$

Für Wasser mit

$$k = 5 \cdot 10^{-5}\ \text{cm}^3\ \text{kg}; \ \gamma = 1 \quad \text{und} \quad g \sim 1000\ \text{cm s}^{-2}$$

gesetzt, wird:

$$c = \sqrt{\frac{1}{k\varrho}} = \sqrt{\frac{10^{10}}{0{,}5}} = 10^5 \sqrt{2} = 1{,}41 \cdot 10^5\ \text{cm s}^{-1},$$

$$c = 1410\ \text{m s}^{-1}.$$

## 423 Gassäulen

Für die Zusammendrückbarkeit muß die adiabatische Zustandsänderung $p v^{\varkappa} =$ konst. angenommen werden, da in der kurzen Zeit der Druckänderungen eine Wärmeableitung nicht möglich ist. Es wird die „adiabatische" Kompressibilität

$$k_a = -\frac{1}{V}\frac{dV}{dp} = \frac{1}{\varkappa p},$$

wenn $\varkappa = \frac{c_p}{c_v}$ ist und damit die Fortpflanzungsgeschwindigkeit:

$$c = \sqrt{\varkappa \frac{p}{\varrho}}. \qquad (416)$$

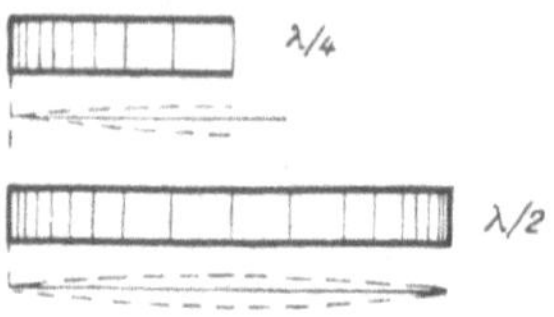


Abb. 73

Mit $\frac{p}{\varrho} = \frac{p}{\gamma} g = R T g$ wird

$$c = \sqrt{\varkappa g R T} \qquad (417)$$

und bei $t = 0°$ C; $T = 273°$ K:

$$c_0 = \sqrt{\varkappa g R \cdot 273}, \qquad (418)$$

für Luft, 2atomiges Gas, mit $\varkappa = 1{,}4$:

$$c_0 = \sqrt{1{,}4 \cdot 9{,}81 \cdot 29{,}27 \cdot 273} = 333 \text{ m s}^{-1}.$$

Ferner ergibt sich die Schallgeschwindigkeit bei $t°$ C zu:

$$c_t = c_0 \sqrt{\frac{T}{273}},$$

wenn $T = 273 + t°$ C ist.

Die Fortpflanzungsgeschwindigkeit, Schallgeschwindigkeit, ist unabhängig vom Druck und nur eine Funktion der Temperatur.

Bekannt sind derartige Schwingungen aus der Akustik. Aus Abb. 72 ist klar zu ersehen, daß eine offene Pfeife die gleiche Schwingungszahl, also die gleiche Tonhöhe hat wie eine gedeckte doppelter Länge (Abb. 73).

## 43 Transversal-Schwingungen (Querschwingungen)

### 431 Saite

Eine belastete Saite führt Schwingungen quer zu ihrer Ruhelage aus. Ist $P$ die Spannung der Saite, $q$ deren Querschnitt, $\varrho$ Dichte des Materials, so führt die Ableitung auf die bekannte Schwingungsgleichung mit

$$c = \sqrt{\frac{P}{\varrho q}}. \tag{419}$$

Die Oberschwingungen sind ganzzahlige Vielfache der Grundschwingung.

$$f_n = n f_1.$$

$n = 1$: Grundschwingung = Grundton,
$n = 2$: 1. Oberton: Oktave,
$n = 3$: 2. Oberton: Quinte der Oktave,
$n = 4$: 3. Oberton: Oktave der Oktave usw.

### 432 Torsionsschwingungen

An Stelle von $\frac{E}{\varrho}$ erscheint hier $\frac{G}{\varrho}$ in der Schwingungsgleichung, worin $G$ der Gleitmodul ist.

Eine ausführliche Behandlung und Anwendung bringt der zweite Band.

### 433 Biegungsschwingungen eines Stabes mit konstantem Querschnitt

Wir betrachten ein Masseteilchen der Länge $dx$ in der Entfernung $x$ von der Einspannstelle (Abb. 74). Seine Masse ist $dm = \frac{\gamma F}{g} dx = \varrho F dx$. An den Schnittflächen wirken die Scherkräfte $S$ und $S + dS$. Befindet sich das Element in der Entfernung $y$ von der Nullage entfernt, so können wir folgende Gleichung aufstellen:

$$dS - g\,dm + \frac{\partial^2 y}{\partial t^2} dm = 0.$$

Für $dm$ den Wert eingesetzt und durch $dx$ die ganze Gleichung dividiert, ergibt:

$$\frac{dS}{dx} - \gamma F + \varrho F \frac{\partial^2 y}{\partial t^2} = 0 .$$

Nun ist nach den Ableitungen der Festigkeitslehre allgemein:

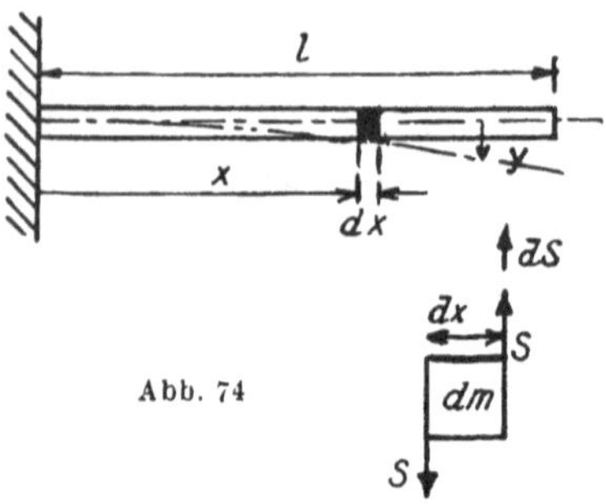


Abb. 74

$$\frac{d^2 y}{dx^2} = \frac{M}{EJ} ,$$

$$S = \frac{dM}{dx} .$$

Damit erhalten wir:

$$\frac{dS}{dx} = EJ \frac{\partial^4 y}{\partial x^4}$$

und

$$EJ \frac{\partial^4 y}{d x^4} - \gamma F + \\ + \varrho F \frac{\partial^2 y}{\partial t^2} = 0 .$$

Wir denken uns nun die Gesamtdurchbiegung zusammengesetzt aus der statischen $y_s$ und der dynamischen $y$. Dann ist

$$y_{\text{ges}} = y_s + y$$

und

$$EJ \frac{\partial^4 y_s}{\partial x^4} + EJ \frac{\partial^4 y}{\partial x^4} - \gamma F + \varrho F \frac{\partial^2 y_s}{\partial t^2} + \varrho F \frac{\partial^2 y}{\partial t^2} = 0 . \quad (420)$$

Für die statische Durchbiegung ist jedoch

$$\frac{\partial^2 y_s}{\partial t^2} = 0 ,$$

womit sich ergibt:

$$EJ \frac{\partial^4 y_s}{\partial x^4} - \gamma F = 0 .$$

Subtrahiert man diesen Wert von Gl. (420), so bleibt übrig:

$$EJ \frac{\partial^4 y}{\partial x^4} + \varrho F \frac{\partial^2 y}{\partial t^2} = 0$$

oder umgeformt:

$$\frac{EJ}{\varrho F}\frac{\partial^4 y}{\partial x^4} + \frac{\partial^2 y}{\partial t^2} = 0\,. \tag{421}$$

Zur Lösung dieser partiellen Differentialgleichung setzen wir:

$$\frac{\partial^2 y}{\partial t^2} = X\frac{d^2 T}{d t^2}\,,\quad \frac{\partial^4 y}{\partial x^4} = T\frac{d^4 X}{d x^4}$$

und erhalten schließlich:

$$\frac{EJ}{\varrho F}\frac{1}{X}\frac{d^4 X}{d x^4} = -\frac{1}{T}\frac{d^2 T}{d t^2}$$

und

$$\frac{d^4 X}{d x^4} - \frac{\varrho F}{EJ}k^2 X = 0\,, \tag{422}$$

$$\frac{d^2 T}{d t^2} + k^2 T = 0\,, \tag{423}$$

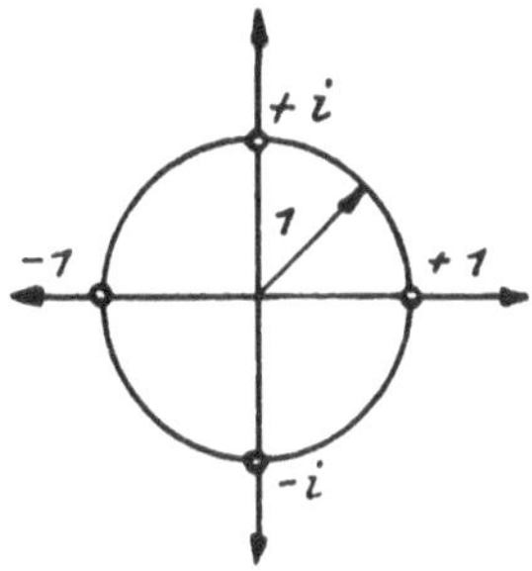

Abb. 75

wenn $k^2$ wieder der für beide Seiten gemeinsame Wert ist.

Die Lösung der Gl. (422) ist bekannt, sie lautet:

$$T = a\cos k t + b\sin k t\,. \tag{424}$$

In Gl. (423) setzen wir für $\frac{\varrho F k^2}{EJ} = m^4$ und erhalten

$$\frac{d^4 X}{d x^4} - m^4 X = 0\,. \tag{425}$$

Mit $X = \sin\alpha x$ oder $X = e^{\alpha x}$ erhält man

$$\frac{d^4 X}{d x^4} = \alpha^4 X$$

und damit die charakteristische Gleichung:

$$\alpha^4 X - m^4 X = 0 \tag{426}$$

und

$$\alpha = m\sqrt[4]{1}\,. \tag{427}$$

Wie aus Abb. 75 zu ersehen ist, sind die vier Einheitswurzeln: $+1$; $+i$; $-1$ und $-i$. Damit erhält man:

$$X = C_1 e^{mx} + C_2 e^{-mx} + C_3 e^{imx} + C e^{-imx} \quad (428)$$

oder in der trigonometrischen Form:

$$X = A_1 \mathfrak{Cof}\, mx + A_2 \cos mx + A_3 \mathfrak{Sin}\, mx + A_4 \sin mx. \quad (429)$$

Mit diesen Teilergebnissen Gl. (424) und Gl. (429) ergibt sich für die gesuchte Schwingungsgleichung:

$$y = X T,$$

$$y = (a \cos kt + b \sin kt) \times$$

$$\times (A_1 \mathfrak{Cof}\, mx + A_2 \cos mx + A_3 \mathfrak{Sin}\, mx + A_4 \sin mx). \quad (430)$$

Die Konstanten $A_1$ bis $A_4$ sollen für den Fall des einseitig eingespannten Stabes ermittelt werden.

Die Grenzbedingungen lauten:

für $x = 0$: $y = 0$; $\frac{\partial y}{\partial x} = 0$, d. h. Winkel mit der Ruhelage $= 0$;

für $x = l$: 1. Moment der Normalkräfte $= 0$, d. h. $\frac{\partial^2 y}{\partial x^2} = 0$, da $\frac{\partial^2 y}{\partial x^2} = -\frac{EJ}{M}$ ist;

2. Schubkraft $= 0$, d. h. $\frac{\partial^3 y}{\partial x^3} = 0$.

Da die Funktion $T$ als Konstante behandelt wird bei einer Differentiation nach $dx$, so können die Grenzbedingungen auch wie folgt angegeben werden:

für: $x = 0$, $X = 0$, $\frac{\partial X}{\partial x} = 0$,

$x = l$, $\frac{\partial^2 X}{\partial x^2} = 0$,

$\frac{\partial^3 X}{\partial x^3} = 0$.

Damit erhalten wir:

$$X_{(x=0)} = A_1 + A_2 = 0 \qquad \text{oder} \quad A_2 = -A_1\,,$$

$$\left(\frac{\partial X}{\partial x^2}\right)_{x=0} = \alpha(A_3 + A_4) = 0 \quad \text{oder} \quad A_4 = -A_3\,,$$

$$\left(\frac{\partial^2 X}{\partial x^3}\right)_{x=l} = A_1(\mathfrak{Cof}\, ml + \cos ml) + A_3(\mathfrak{Sin}\, ml + \sin ml) = 0,$$

$$\left(\frac{\partial^3 X}{\partial x^3}\right)_{x=l} = A_2(\mathfrak{Sin}\, ml - \sin ml) + A_3(\mathfrak{Cof}\, ml + \cos ml) = 0.$$

Diese beiden Gleichungen sind erfüllt für:

$$\frac{\mathfrak{Sin}\, ml + \sin ml}{\mathfrak{Cof}\, ml + \cos ml} = \frac{\mathfrak{Cof}\, ml + \cos ml}{\mathfrak{Sin}\, ml - \sin ml}\,.$$

Hieraus ergibt sich nach Ausmultiplizieren und mit den Beziehungen:

$$\sin^2 m\,l + \cos^2 m\,l = 1\,,$$

$$\mathfrak{Sin}^2 m\,l - \mathfrak{Cof}^2 m\,l = -1$$

die Periodengleichung:

$$\mathfrak{Cof}\, m\,l \cos m\,l + 1 = 0\,. \tag{431}$$

Die Lösung dieser Gleichung erfolgt am besten graphisch (Abb. 76), wozu wir die Gl. (431) umformen in:

$$\cos m\,l = -\frac{1}{\mathfrak{Cof}\, m\,l}\,.$$

Die Abszissen der Schnittpunkte beider Kurven, die als Funktion von $ml$ aufgetragen werden, sind die gesuchten Wurzeln. Lord Rayleigh berechnete die niedrigsten Werte, sie sind in der folgenden Zusammenstellung enthalten:

$$m_1 l = 0{,}597\,\pi$$
$$m_2 l = 1{,}444\,\pi$$
$$m_3 l = 2{,}500\,\pi$$
$$\cdots\cdots\cdots$$

Wie aus der Abb. 76 zu ersehen ist, fallen die Schnittpunkte der höheren Wurzeln mit denen der Cosinuskurve praktisch zusammen. Gl. (431) geht über in $\cos m l = 0$. Diese Gleichung wird erfüllt, wenn

$$m l = (j - \tfrac{1}{2})\pi .^{1)} \tag{432}$$

Mit diesen Koeffizienten lautet die vollständige Schwingungsgleichung:

$$y = b \sin k t \,[A_1(\mathfrak{Cof}\, m x - \cos m x) + \\ + A_2(\mathfrak{Sin}\, m x - \sin m x)], \tag{433}$$

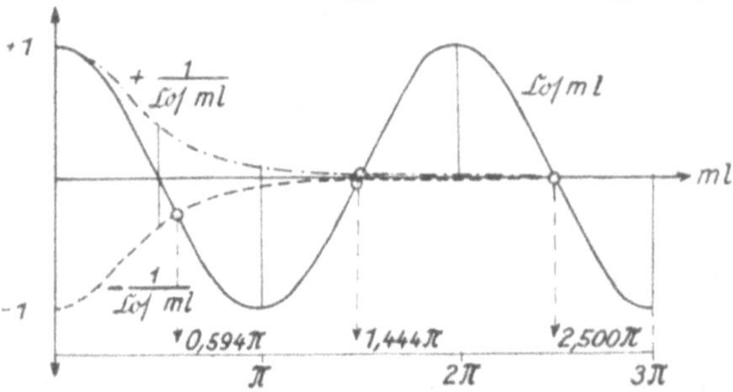


Abb. 76

in der $k$ die Eigenkreisfrequenzen $\omega_j$ sind, aus denen sich die Schwingungsdauern ergeben zu $T_j = \frac{2\pi}{\omega_j}$, wenn $j$ die Ordnungszahl bedeutet, diese für die Grundschwingung $= 1$ ist. Man erhält sie aus

$$\frac{F\varrho}{EJ}\,\omega_j^2 = m_j^4$$

zu

$$\omega_j = m_j^2 \sqrt{\frac{EJ}{\varrho F}} \tag{434}$$

---

1) $j \neq \sqrt{-1}$, sondern Ordnungszahl.

und mit $m_j\, l = \beta_j$ zu

$$\omega_i = \frac{\beta_j^2}{l^2}\sqrt{\frac{E\,J}{\varrho\, T}}\,,$$

schließlich, wenn mit $\mu$ die Masse der Längeneinheit eingeführt wird, da $\mu = F\,\varrho$ ist:

$$\omega_j = \frac{\beta_j^2}{l^2}\sqrt{\frac{E\,J}{\mu}}\,, \tag{435}$$

oder für die höheren Kreisfrequenzen ($j > 3$):

$$\omega_j = \frac{(j-\frac{1}{2})^2\,\pi^2}{l^2}\sqrt{\frac{E\,J}{\mu}}\,. \tag{436}$$

Analog erhält man für andere Randbedingungen die folgenden Periodengleichungen und $\beta_j$-Werte:

1. Abb. 77:

a) Stab beiderseits frei;

b) Stab beiderseits eingespannt.

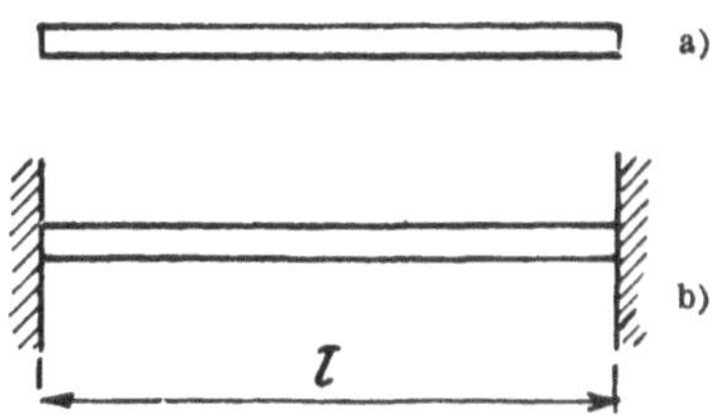


Abb. 77

$$\text{Periodengleichung: } \cos\beta_j\,\mathfrak{Cof}\,\beta_j = 1 \tag{437}$$

| $j$ | 1 | 2 | 3 | 4 | 5 |
|---|---|---|---|---|---|
| $\beta_j$ | 4,730 | 7,853 | 10,996 | 14,137 | 17,279 |

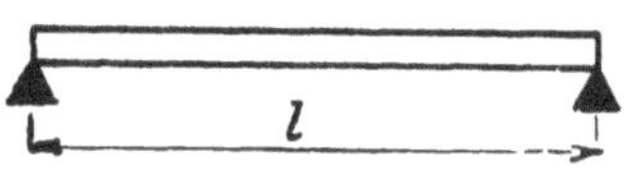


Abb. 78

2. Abb. 78: Stab beiderseits gestützt.

$$\text{Periodengleichung: } \sin\beta_j = 0 \tag{438}$$

$$\beta_j = j\,\pi\,.$$

3. Abb. 79: Stabende eingespannt, Stabende frei.

Periodengleichung: $\cos\beta_j \mathfrak{Cof}\,\beta_j = -1\,.$ (439)

| $j$ | 1 | 2 | 3 | 4 | 5 | 6 |
|---|---|---|---|---|---|---|
| $\beta_j$ | 1,875 | 4,694 | 7,853 | 10,996 | 14,137 | 17,279 |

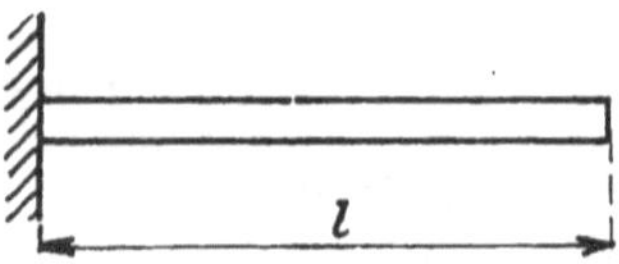


Abb. 79

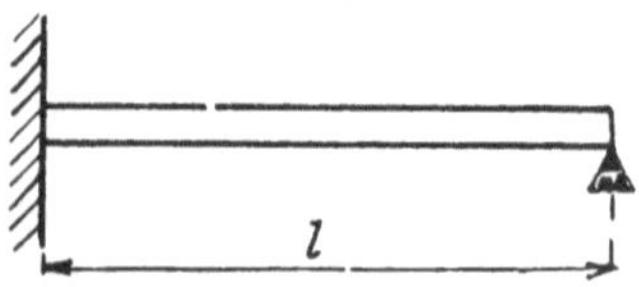


Abb. 80

4. Abb. 80: Stabende eingespannt, Stabende gestützt.

Periodengleichung: $\mathrm{tg}\,\beta_j = \mathfrak{Tg}\,\beta_j\,.$ (440)

| $j$ | 1 | 2 | 3 | 4 | 5 |
|---|---|---|---|---|---|
| $\beta_j$ | 3,927 | 7,069 | 10,210 | 13,352 | 16,493 |

Für den Fall 1 a) seien die von Rayleigh berechneten Schwingungsformen angegeben (Abb. 81).

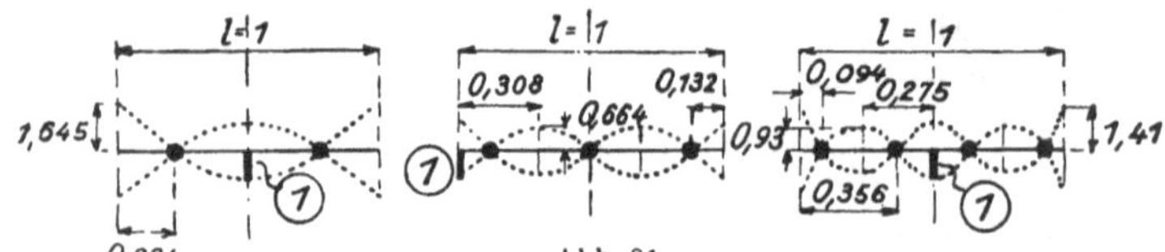


Abb. 81

## 434 Querschwingungen eines Stabes mit veränderlichem Querschnitt

### 4341 Eingespannter konischer Stab

Für die Grundschwingung ist berechnet[1]):

$$f_1 = \frac{\omega_1}{2\pi} = \frac{4,359}{2\pi}\,\frac{r}{l^2}\sqrt{\frac{E}{\varrho}}\,, \qquad (441)$$

[1]) Kirchhoff, Monatsblätter VDI. Berlin 1879.

wenn $r$ der Radius der Grundfläche, $l$ die Stablänge, $\varrho$ die Dichte ist. Verglichen mit dem Stab mit konstantem Querschnitt (zylindrischer Stab) wird für die Grundschwingung:

$$\frac{f_{\text{kon}}}{f_{\text{zyl}}} = \frac{\omega_k}{\omega_z} = \frac{T_z}{T_k} = \frac{4{,}359}{1{,}758} = 2{,}478. \tag{442}$$

Für die höheren Frequenzen gilt:

$$f_j = \frac{\omega_j}{2\pi} = \frac{\alpha_j}{2\pi}\frac{r}{l^2}\sqrt{\frac{E}{\varrho}} \tag{443}$$

mit folgenden Werten für $\alpha_j$:

| $j$ | 1 | 2 | 3 | 4 | 5 | 6 |
|---|---|---|---|---|---|---|
| $\alpha_j$ | 4,359 | 10,573 | 19,225 | 30,339 | 43,921 | 59,956 |

### 4342 Eingespannter Stab mit konstantem Trägheitsradius $i$

Mit $i^2 = \frac{J}{F}$ (Einspannquerschnitt) geht obige Gleichung über in

$$f_j = \frac{\omega_j}{2\pi} = \frac{\alpha}{2\pi}\frac{i}{l^2}\sqrt{\frac{E}{\varrho}}. \tag{444}$$

Bestehen für $x$ vom freien Stabende aus gemessen die Beziehungen

$$F = a\,x^m \quad \text{und} \quad J = b\,x^m,$$

womit $i^2 = \frac{a}{b} =$ konst. ist, so kann mit hinreichender Genauigkeit

$$\alpha = 3{,}47\,(1 + 1{,}05\,\text{m})\,^{1)} \tag{445}$$

gesetzt werden.

Folgen die Stabwerte den Gleichungen

$$F = a\left(1 - c\,\frac{x}{l}\right) \quad \text{und} \quad J = b\left(1 - c\,\frac{x}{l}\right),$$

---

[1]) Ono, Fikimasa, Soc. Mech. Engy 27, 467 und 28, 429 (1924, 25).

$i$ ist ebenfalls konstant, so ergeben sich folgende Werte für $\alpha$:

| $c$ | 0 | 0,4 | 0,6 | 0,8 | 1,0 |
|---|---|---|---|---|---|
| $\alpha_1$ | 3,515 | 4,098 | 4,585 | 5,398 | 7,16 |

### 4343 Allgemeiner Fall des eingespannten verjüngten Stabes[1])

Sind die Funktionen der Stabverjüngung durch Kurven gegeben (Abb. 82) und weichen diese nicht stark von der linearen ab, so ist

$$\left(\frac{\omega_{j\,\mathrm{verjüngt}}}{\omega_{j\,\mathrm{zyl}}}\right)^2 = \frac{1 - \eta\,\sigma_j - \eta'\,\sigma_j'}{1 - \zeta\,\tau_j - \zeta'\,\tau_j'}\,, \tag{446}$$

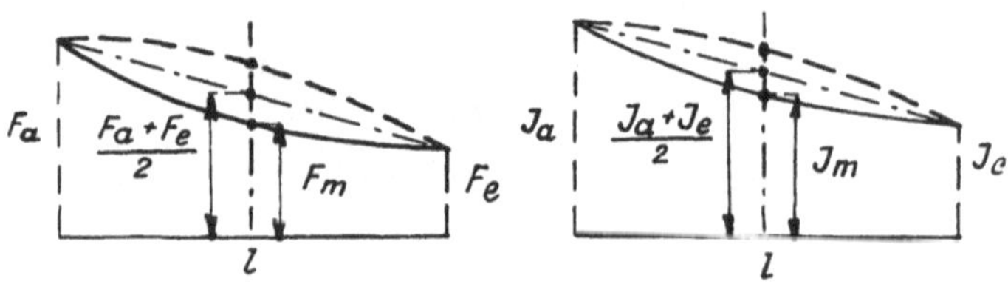


Abb. 82

hierin ist nach Gl. (435):

$$\omega_{j\,\mathrm{zyl}}^2 = \frac{\beta_j^4}{l^4}\,\frac{J_a}{F_a}\,\frac{E}{\varrho}\,.$$

$$\eta = \frac{J_a - J_e}{J_a}\,, \qquad \zeta = \frac{F_a - F_e}{F_a}\,,$$

$$\eta' = \frac{1}{J_a}\left(\frac{J_a - J_e}{2} - J_m\right), \qquad \zeta' = \frac{1}{F_a}\left(\frac{F_a + F_e}{2} - F_m\right).$$

Die Beiwerte sind in folgender Tafel zusammengestellt:

---

[1]) **Hort, Z. techn. Physik *6* (1925), 181; s. auch Hütte I, S. 237. 1948.**

Fall 1: Stab eingespannt, frei (Abb. 83):

| $j$ | $\beta$ | $\sigma$ | $\tau$ | $\sigma'$ | $\tau'$ |
|---|---|---|---|---|---|
| 1 | 1,875 | 0,193 | 0,807 | 0,493 | 0,493 |
| 2 | 4,694 | 0,406 | 0,594 | 0,703 | 0,703 |
| 3 | 7,855 | 0,468 | 0,532 | 0,661 | 0,661 |
| 4 | 10,996 | 0,483 | 0,517 | 0,649 | 0,649 |
| 5 | 14,137 | 0,490 | 0,510 | 0,645 | 0,645 |
| 6 | 17,279 | 0,493 | 0,507 | 0,642 | 0,642 |
| $\infty$ | — | $\frac{1}{2}$ | $\frac{1}{2}$ | $\frac{2}{\pi}$ | $\frac{2}{\pi}$ |

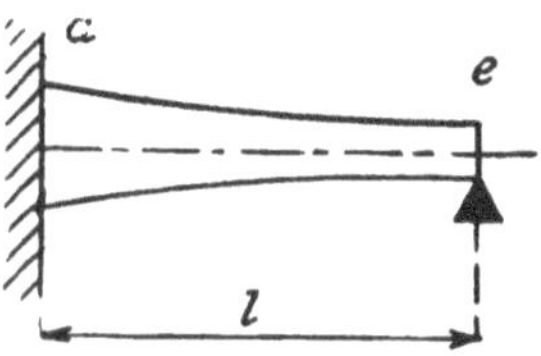


Abb. 83

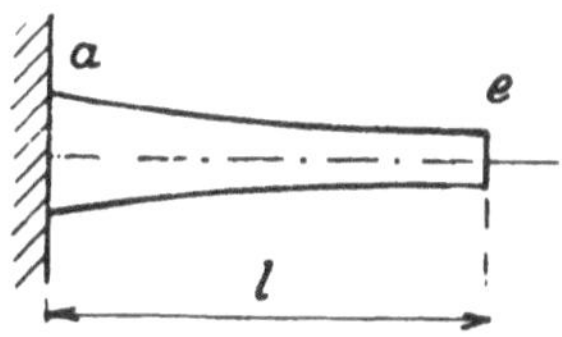


Abb. 84

Fall 2: Stab eingespannt, gestützt (Abb. 84):

| $j$ | $\beta$ | $\sigma$ | $\tau$ | $\sigma'$ | $\tau'$ |
|---|---|---|---|---|---|
| 1 | 3,927 | 0,431 | 0,569 | 0,626 | 0,857 |
| 2 | 7,069 | 0,480 | 0,520 | 0,612 | 0,724 |
| 3 | 10,210 | 0,490 | 0,510 | 0,623 | 0,680 |
| 4 | 13,352 | 0,494 | 0,506 | 0,628 | 0,663 |
| 5 | 16,493 | 0,496 | 0,504 | 0,631 | 0,654 |
| 6 | — | 0,497 | 0,503 | 0,633 | 0,649 |
| $\infty$ | — | $\frac{1}{2}$ | $\frac{1}{2}$ | $\frac{2}{\pi}$ | $\frac{2}{\pi}$ |

Nach Timoshenko können die Werte benutzt werden bis $\eta = 0{,}5$, $\zeta = 0{,}5$ mit einem Fehler von etwa 2%

Sonderfälle:

1. $i =$ konst., lineare Abhängigkeit der Stabwerte $F, J$.

$$\eta' = 0, \qquad \zeta' = 0,$$

$$\left(\frac{\omega_{j\,\text{verjüngt}}}{\omega_{j\,\text{zyl}}}\right)^2 = \frac{1 - \eta\,\sigma_j}{1 - \zeta\,\tau_j}.$$

2. Zylindrischer Stab: $F_a = F_e$; $J_a = J_e$:

$$\eta = 0, \quad \zeta = 0, \quad \eta' = 0, \quad \zeta' = 0,$$

$$\left(\frac{\omega_{j\,\text{verjüngt}}}{\omega_{j\,\text{zyl}}}\right)^2 = 1; \qquad \omega_{j\,\text{verjüngt}} = \omega_{j\,\text{zyl}}\,.$$

## 435 Stäbe mit Eigen- und Punktmasse

Die Ableitungen überschreiten den Rahmen des vorliegenden Bändchens; die Ergebnisse seien mitgeteilt für die wichtigsten in der Technik vorkommenden Fälle.

### 4351 Längsschwingungen (Abb. 85)

In der bereits behandelten (403) Differentialgleichung

$$\frac{\partial^2 \xi}{\partial t^2} = a^2 \frac{\partial^2 \xi}{\partial x^2}$$

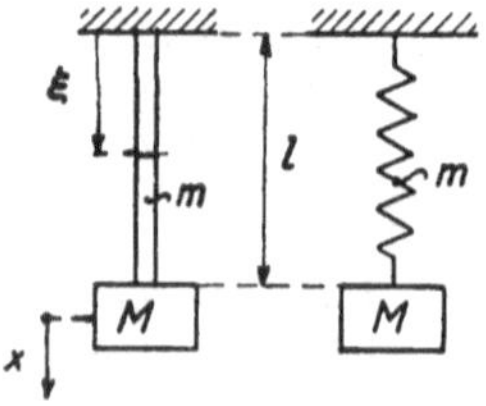


Abb. 85

ist für den Fall:

a) prismatischer Stab:

$$a^2 = \frac{E}{\varrho},$$

b) Schraubenfeder:

$$a^2 = \frac{c\,l\,g}{q} = \frac{c\,l}{\mu},$$

wenn $\varrho = \frac{\gamma}{g}$ die Dichte, $q$ das Gewicht und $\mu = \frac{q}{g}$ die Masse der Längeneinheit und $c$ die Federkonstante ist.

Die Berechnung für die Eigenmasse allein, $M = 0$, führt mit den Randbedingungen

$$\xi_{x=0} = 0 \quad \text{und} \quad \left(\frac{\partial \xi}{\partial x}\right)_{x=l} = 0 \quad \text{mit} \quad \beta = \frac{\omega l}{a} \quad \text{zu}$$

$$\omega = \beta \frac{1}{l} \sqrt{\frac{E}{\varrho}} \quad \text{bzw.} \quad \omega = \beta \frac{1}{l} \sqrt{\frac{c\,l}{\mu}} = \beta \sqrt{\frac{c}{m}} = \beta \sqrt{\frac{g}{d_m}}$$

für die beiden Fälle a) und b), wenn $d_m$ die statische Durchfederung durch die Eigenmasse $m$ bedeutet.

Mit der Punktmasse $M$ muß für $x = l$ die Zugkraft gleich sein deren Trägheitswiderstand. Die zweite Randbedingung ergibt sich z. B. für den Fall a)[1]) aus:

$$F E \left(\frac{\partial \xi}{\partial x}\right)_{x=l} = -M \left(\frac{\partial^2 \xi}{\partial t^2}\right)_{x=l}$$

und liefert die Periodengleichung:

$$\alpha = \beta \operatorname{tg} \alpha, \tag{447}$$

wenn $\alpha = \frac{F \gamma\, l}{Q} = \frac{m}{M}$ und $\beta = \frac{\omega l}{a}$ ist.

Für die Grundschwingung $j = 1$ ergeben sich folgende Werte für $\beta_1$ in Abhängigkeit von $\alpha = \frac{m}{M}$:

| $\alpha$ | $\beta_1$ | $\alpha$ | $\beta_1$ | $\alpha$ | $\beta_1$ |
|---|---|---|---|---|---|
| 0,01 | 0,10 | 1,00 | 0,86 | 10,0 | 1,42 |
| 0,10 | 0,32 | 1,50 | 0,98 | 20,0 | 1,52 |
| 0,30 | 0,52 | 2,00 | 1,08 | 100,0 | 1,568 |
| 0,50 | 0,65 | 3,00 | 1,20 | | |
| 0,70 | 0,75 | 4,00 | 1,27 | | |
| 0,90 | 0,82 | 5,00 | 1,32 | | |

die in Abb. 86 graphisch aufgetragen sind.

[1]) Timoshenko, Schwingungsprobleme.

Für $m \ll M$ kann $\operatorname{tg}\beta \sim \beta$ gesetzt werden, so daß

$$\alpha = \beta^2 \tag{448}$$

wird, und für Fall b):

$$\omega = \sqrt{\frac{c}{M}} = \sqrt{\frac{g}{d_M}},$$

wenn $d_M$ die statische Durchfederung unter der Wirkung des Gewichtes der Punktmasse $M$ Gl. (106) ist.

Setzt man für

$$\operatorname{tg}\beta = \beta + \frac{1}{3}\beta^3 + \frac{2}{3\cdot 5}\beta^5 + \cdots,$$

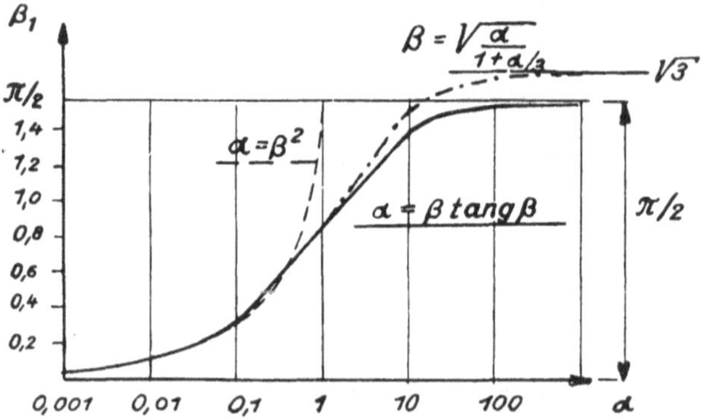


Abb. 86

so erhält man mit den ersten beiden Gliedern

$$\beta\left(\beta + \frac{\beta^3}{3}\right) = \alpha = \beta^2\left(1 + \frac{\beta^2}{3}\right), \quad \beta = \sqrt{\frac{\alpha}{1 + \frac{\beta^2}{3}}}$$

und mit dem Wert der ersten Näherung $\alpha = \beta^2$:

$$\beta = \sqrt{\frac{\alpha}{1 + \frac{\alpha}{3}}} \tag{449}$$

und damit:

$$\omega = \sqrt{\frac{g}{d_M\left(1+\frac{\alpha}{3}\right)}} = \frac{\omega^*}{\sqrt{1+\frac{\alpha}{3}}}, \tag{450}$$

wenn $\omega^* = \sqrt{\frac{g}{d_M}}$ die Kreisfrequenz des masselosen elastischen Gliedes mit der Punktmasse $M = \frac{Q}{g}$ ist.

Beide Näherungskurven sind in Abb. 86 eingetragen.

Beispiel: Für $m = \frac{1}{2} M$ wird nach der zweiten Näherungsgleichung:

$$\omega = \frac{\omega^*}{\sqrt{1+\frac{1}{6}}} = \frac{\omega^*}{1{,}079} = 0{,}927\,\omega^*.$$

Für die exakte Lösung liefert die Tabelle $\beta = 0{,}65$. Damit wird

$$\omega_m = \beta\sqrt{\frac{g}{d_m}} = \beta\sqrt{2\frac{g}{d_M}} = \beta\sqrt{2}\,\omega^* = 0{,}909\,\omega^*,$$

da $d_M = 2\,d_m$ ist, mit einem Fehler von $\sim 1\frac{1}{2}\,\%$.

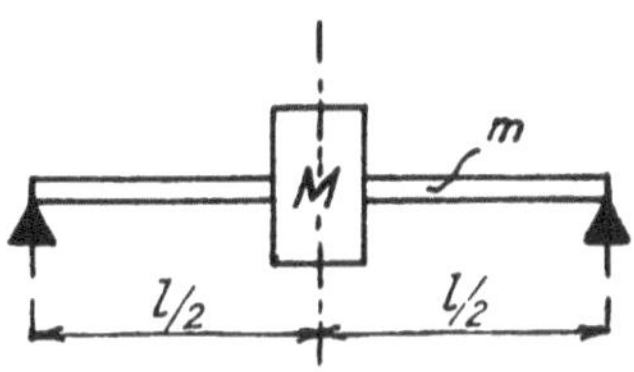


Abb. 87

## 52 Biegungsschwingungen eines gestützten Stabes mit Eigenmasse und Punktmasse

Für diesen in Abb. 87 wiedergegebenen Fall ist nach 322

$$\omega^* = \sqrt{\frac{c}{M}} = \sqrt{\frac{48\,EJ}{M\,l^3}}$$

Bei Berücksichtigung der Eigenmasse des Stabes erhält man für die Grundschwingung $j = 1$ die Näherungsgleichung[1]) mit $\frac{m}{M} = \alpha$:

$$\omega_1 = \omega_1^* \sqrt{1 - \tfrac{17}{35}\alpha + 232\,\alpha^2 \ldots} \tag{451}$$

oder

$$\omega_1 = \sqrt{\frac{48\,EJ}{M^*\,l^3}},$$

wenn

$$M^* = \frac{M}{1 - \frac{17}{35\,\alpha} + 232\,\alpha^2} \sim M(1 + 0{,}486\,\alpha + 0{,}003\,\alpha^2 + \cdots) \tag{452}$$

ist. Hierin ist $\omega^*$ wieder die Kreisfrequenz für den masselosen Stab mit der Punktmasse $M$ und $M^*$ die Ersatzmasse bei Berücksichtigung der Masse $m$ des Stabes.

## 436 Näherungsverfahren[2])

Für das Näherungsverfahren gilt die Annahme, daß die Schwingungsform des Systems durch die Masse des elastischen Elementes nicht wesentlich verändert wird. Die Berechnung wird durchgeführt mit der in (212) bereits behandelten Energiegleichung.

### 4361 Federpendel

Die Anwendung auf den in Abb. 88 gegebenen Schwinger ergibt folgendes:

Bei einer Auslenkung der Masse $M$ um $x$ bewegt sich ein Federquerschnitt im Abstand $\xi$ um $\frac{x}{l}$. Ist $q$ das Gewicht der Längeneinheit, so ist $dm = \frac{q}{g}\,d\xi = \mu\,d\xi$, wenn $\mu$ für die Masse der Längeneinheit gesetzt wird.

---

[1]) Karman-Biot, Mathematikal Methods in Engineering.

[2]) Lord Rayleigh, Theory of Sound 1. 2. Aufl. Vgl. auch Timoshenko.

Die kinetische Energie des Massenteilchens ist:

$$dE_k = \frac{1}{2}\, dm\, v^2 = \frac{1}{2}\, \mu\, d\xi \left(\frac{d\left(\frac{x}{l}\,\xi\right)}{dt}\right)^2,$$

$$dE_k = \frac{1}{2}\, \mu \left(\frac{\xi}{l}\, \dot{x}\right)^2 d\xi,$$

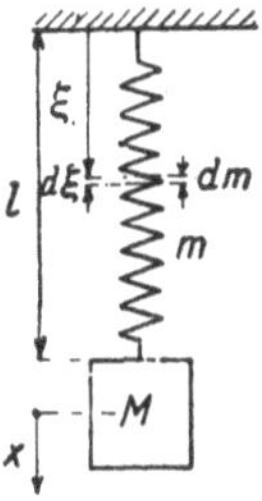

Abb. 88

die der gesamten Feder:

$$E_{k_m} = \frac{1}{2}\, \mu\, \dot{x}^2 \frac{1}{l^2} \int_0^l \zeta^2\, d\xi,$$

$$E_{k_m} = \frac{1}{2}\, \frac{\mu}{l^2}\, \dot{x}^2\, \frac{l^3}{3} = \frac{1}{2}\, \frac{\mu\, l}{3}\, \dot{x}^2.$$

Die kinetische Energie der Masse $M$ ist:

$$E_{k_M} = \tfrac{1}{2}\, M\, \dot{x}^2.$$

Damit wird die gesamte kinetische Energie:

$$E_k = \frac{1}{2}\, \dot{x}^2 \left(M + \frac{\mu\, l}{3}\right) = \frac{1}{2}\, \dot{x}^2 \left(M + \frac{m}{3}\right).$$

Mit $c$ als Federkonstanten (Richtkraft) ist die potentielle Energie beim Ausschlag $x$:

$$E_p = \tfrac{1}{2}\, c\, x^2.$$

Wie in (212) gezeigt, kann die Gesamtenergie durch

$$E_k + E_x = \tfrac{1}{2}\, c\, x_0^2$$

ausgedrückt werden, wenn $x_0$ der maximale Schwingungsausschlag ist. Damit erhalten wir die Energiegleichung:

$$\frac{1}{2}\left(M + \frac{m}{3}\right)\dot{x}^2 + \frac{1}{2}\, c\, x^2 = \frac{1}{2}\, x_0^2.$$

Verglichen mit dem Schwinger mit der masselos gedachten Feder, $m = 0$, unterscheiden sich die Energiegleichungen nur dadurch, daß zur Masse $M$ ein Zuschlag von $\frac{1}{3}\,m$, also ein Drittel der Federmasse hinzukommt, die Ersatzmasse rund $M^* = M + \frac{1}{3}\,m$ ist. Die Fehler gegenüber der exakten Methode betragen für $\frac{m}{M} = \frac{1}{2}$, 1, 2 rund $\frac{1}{2}$, $\frac{3}{4}$, 3 %.

### 4362 Gestützter Stab mit Punktmasse

Die Anwendung auf das Beispiel Abb. 87 ergibt für die kinetische Energie

$$\frac{1}{2}\left(M + \frac{17}{35}\,m\right)\dot{x}^2, \qquad M^* \sim M + \frac{1}{2}\,m \tag{453}$$

und damit gegenüber der exakten Methode einen Fehler von weniger als 1 %.

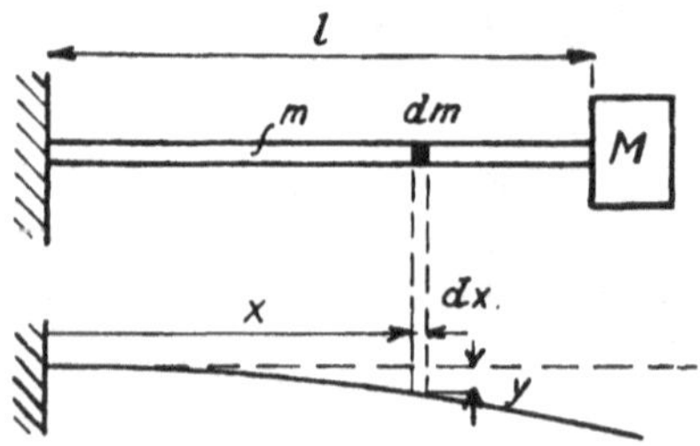


Abb. 89

### 4363 Eingespannter Stab mit Eigenmasse und Punktmasse am frei schwingenden Ende (Abb. 89)

Die kinetische Energie des Balkens mit konstantem Querschnitt berechnet sich zu

$$\int_0^l \frac{1}{2}\,\mu\left(\frac{3\,\xi^2 l - \xi^3}{2\,l^3}\right)^2 d\xi = \frac{1}{2}\,\frac{33}{140}\,m\,\dot{x}^2$$

und die des ganzen Schwingungssystems zu

$$\frac{1}{2}\left(M + \frac{33}{140}\,m\right)\dot{x}^2,$$

$$M^* \sim M + \tfrac{1}{4}\,m. \qquad (454)$$

Der Fehler für die Kreisfrequenz beträgt etwa $1\frac{1}{2}$ %.

### 4364 Torsionspendel (Abb. 90)

Die Anwendung des Verfahrens ergibt, daß mit $\varphi$ dem Massenträgheitsmoment der Welle für die Längeneinheit das Ersatzsystem aus einer masselosen Welle und einer Scheibe mit dem Trägheitsmoment

$$\Theta + \tfrac{1}{3}\,\vartheta l \qquad (455)$$

besteht.

Bei diesem Verfahren ist angenommen, daß durch die Masse des elastischen Teiles die Schwingungsform nicht wesentlich geändert wird. Es ist deshalb hauptsächlich

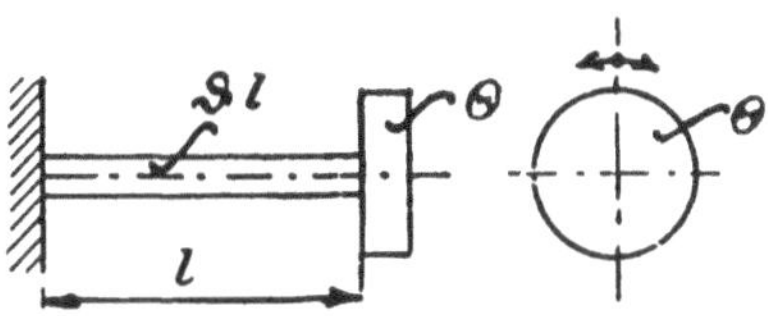

Abb. 90

anwendbar für die Grundschwingung, für diese aber auch dann, wenn die Schwinger komplizierterer Bauart sind, gegebenenfalls mittels numerischer oder graphischer Integration.

Eine Erweiterung des **Rayleigh**schen Verfahrens bringt Ritz[1]), das auch für die höheren Frequenzen angewendet werden kann dann, wenn man sich ein Bild von der Schwingungsform machen kann.

[1]) Ritz, Gesammelte Werke. S. 265. Paris 1911.

# 5 Anhang

## Ergänzungen

### 51 Maßsysteme

Zwei, aus dem Newton'schen Grundgesetz abgeleiteten Maßsysteme werden heute verwendet, das Technische (TMS), vorwiegend in der Praxis, und das Internationale (MKS) in der Lehre.

$$\mathrm{kp} = \mathbf{TME} \cdot \mathrm{m} \cdot \mathrm{s}^{-2}; \ [\mathrm{TME}] = \mathrm{kp\,m^{-1}\,s^{2}}$$
$$\mathrm{N\ (Newton)} = \mathrm{kg} \cdot \mathrm{m} \cdot \mathrm{s}^{-2}; \ [\mathrm{N}] = \mathrm{kg\,m\,s^{-2}}$$

Das kp für kg-Kraft wurde erst nach Herausgabe des Bändchens eingeführt, zum Unterschied gegen kg-Masse. 1 TME ist die Masse, die 9,81 kp wiegt.

$$1\,\mathrm{kp} = 9{,}81\,\mathrm{N} \approx 10\,\mathrm{N}.$$

Dies, und die Hinweise im Bd II auf Ableitungen im ersten ist der Grund für die 3. Auflage als Neudruck mit Ergänzungen. Größengleichungen liefern das gleiche Ergebnis, wenn die Einheiten des gewählten Maßsystems eingesetzt werden. Hierzu ein Beispiel für $\omega = \sqrt{\frac{c}{m}}$ bzw. $\omega^2 = \frac{c}{m}$ (Gl. 104).

Eine Feder mit $G = 10\,\mathrm{kp}$ belastet dehnt sich um $f = 2{,}5\,\mathrm{cm}$. Es erscheint übersichtlicher, wenn für $g = 10\,\mathrm{m\,s^{-2}}$ verwendet wird.

a) Technisches Maßsystem TMS

$$c = \frac{G}{f} = \frac{10\,\mathrm{kp}}{2{,}5\,\mathrm{cm}} = 4\,\mathrm{kp\,cm^{-1}} = 400\,\mathrm{kp\,m^{-1}}$$

$400\,\mathrm{kp}m^{-1}$ ist ein Rechenwert; die Feder würde diese Belastung nicht aushalten.

$$m = \frac{G}{g} = \frac{10\ \text{kp}}{10\ \text{m s}^{-2}} = 1\ \text{kp m}^{-1}\ \text{s}^2$$

$$\frac{c}{m} = \frac{400\ \text{kp m}^{-1}}{1\ \text{kp m}^{-1}\ \text{s}^2} = 400\ \text{s}^{-2}$$

$$\omega = \sqrt{\frac{c}{m}} = \sqrt{400\ \text{s}^{-2}} = 20\ \text{s}^{-1}.$$

b) Internationales Maßsystem MKS

$$c = 400\ \text{kp m}^{-1} = 4000\ \text{N m}^{-1}$$

$$= 4000\ \text{m kg s}^{-2}\ \text{m}^{-1} = 4000\ \text{kg s}^{-2},$$

da $[\text{N}] = \text{m kg s}^{-2}$ ist.

$$\frac{c}{m} = \frac{4000\ \text{kg s}^{-2}}{10\ \text{kg}} = 400\ \text{s}^{-2}.$$

## 52 Internationale Bezeichnungen und Einheiten

(bisherige Bezeichnungen)

| | | | |
|---|---|---|---|
| Fläche | $A$ | $(F)$ | $\text{m}^2$ |
| Geschwindigkeit | $v$ | $(v)$ | $\text{m s}^{-1}$ |
| Beschleunigung | $a$ | $(b)$ | $\text{m s}^{-2}$ |
| Winkelgeschwindigkeit | $\omega$ | $(\omega)$ | $\text{s}^{-1}$ |
| Winkelbeschleunigung | $\alpha$ | $(\beta)$ | $\text{s}^{-2}$ |
| Masse | $m$ | $(m)$ | kg |
| Kraft | $F$ | $(K)$ | $\text{N} = \text{m kg s}^{-2}$ |
| Arbeit | $W$ | $(A)$ | $\text{N m} = \text{Joule} = \text{m}^2\text{kg s}^{-2}$ |
| Leistung | $P$ | $(N)$ | $\text{N m s}^{-1} = W = \text{m}^2\text{kg s}^{-3}$ |
| Richtkraft | $D$ | $(c)$ | $\text{N m}^{-1} = \text{kg s}^{-2}$ |
| Drehmoment | $M$ | $(M)$ | $\text{N m} = \text{m}^2\ \text{kg s}^{-2}$ |
| Trägheitsmoment | $I$ | $(\theta)$ | $\text{m}^2\text{kg}$ |

## 53 Vektorielle Addition

### 531 Geometrisch (Kräfteparallelogramm)

### 532 In der Gauß'schen Zahlenebene

$$z_1 = 4 + i\,2$$
$$z_2 = 2 + i\,3$$

$$z\; = 6 + i\,5$$
$$|z| = \sqrt{6^2 + 5^2} = \sqrt{61} = 7{,}81$$

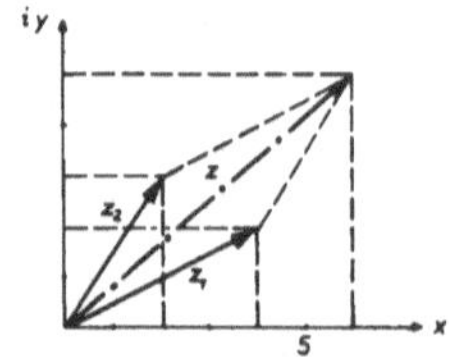


Vektoren in einer Ebene werden oft als Zeiger bezeichnet.

### 533 Heutige Vektordarstellung

Ortsvektoren in Linien- oder Spalten-Darstellung

$$\vec{r} \text{ oder } \mathfrak{r} = (x, y, z) \text{ oder } \begin{pmatrix} x \\ y \\ z \end{pmatrix}.$$

Bei Vorgängen in der $xy$-Ebene wird $z = 0$.

Für obiges Beispiel erhält man:

$$\vec{r} = \vec{r}_1 + \vec{r}_2 = \begin{pmatrix} 4 \\ 2 \end{pmatrix} + \begin{pmatrix} 2 \\ 3 \end{pmatrix} = \begin{pmatrix} 4+2 \\ 2+3 \end{pmatrix} = \begin{pmatrix} 6 \\ 5 \end{pmatrix};$$

$$|\vec{r}| = \sqrt{6^2 + 5^2}; \quad \tan\varphi = \frac{5}{6}.$$

In dieser Darstellung erhält man für Abb. 67, S. 77:

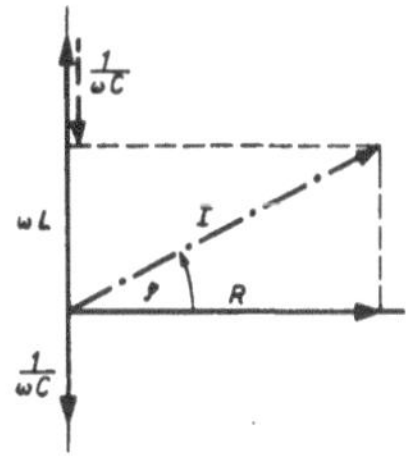

$$I = \begin{pmatrix} 0 \\ \omega L \end{pmatrix} + \begin{pmatrix} 0 \\ -\frac{1}{\omega C} \end{pmatrix} + \begin{pmatrix} R \\ 0 \end{pmatrix} = \begin{pmatrix} R \\ \omega L - \frac{1}{\omega C} \end{pmatrix},$$

$$|I| = \sqrt{R^2 + \left(\omega L - \frac{1}{\omega C}\right)^2}.$$

## 54 Harmonische Analyse

Mit Computer, wenn programmiert (z. B. ALGOL[1]), bei Einzelfällen mit einem der verschiedenen, bekannten Verfahren, u. a. dem Tafelverfahren des Verfassers[2]), das mit Synthese erweitert, wieder erschienen ist.

Es ist[1]) aufs äußerste schematisiert, ermöglicht die Berechnung einzelner Koeffizienten ohne das ganze Verfahren durchzuführen; etwaige Rechenfehler beschränken sich auf den berechneten Koeffizienten.

---

[1]) R. Zurmühl, Praktische Mathematik für Ingenieure und Physiker, 3. Auflage 1970, Springer-Verlag.

[2]) L. Zipperer, Tafeln zur harmonischen Analyse und Synthese periodischer Funktionen. 2., erweiterte Auflage 1961, Physika-Verlag.

# Namen- und Sachverzeichnis

FSC
www.fsc.org
MIX
Papier | Fördert gute Waldnutzung
FSC® C083411

Zeitfracht Medien GmbH
Ferdinand-Jühlke-Straße 7
99095 Erfurt, Deutschland
produktsicherheit@kolibri360.de